Marcos Politi
Andres Niño

IoT en Generación distribuida

Marcos Politi
Andres Niño

IoT en Generación distribuida

Energy IoT

Editorial Académica Española

Imprint
Any brand names and product names mentioned in this book are subject to trademark, brand or patent protection and are trademarks or registered trademarks of their respective holders. The use of brand names, product names, common names, trade names, product descriptions etc. even without a particular marking in this work is in no way to be construed to mean that such names may be regarded as unrestricted in respect of trademark and brand protection legislation and could thus be used by anyone.

Cover image: www.ingimage.com

Publisher:
Editorial Académica Española
is a trademark of
International Book Market Service Ltd., member of OmniScriptum Publishing Group
17 Meldrum Street, Beau Bassin 71504, Mauritius
Printed at: see last page
ISBN: 978-620-0-05517-0

CONTENIDO

CAPITULO 01: INTRODUCCION

REDES ELECTRICAS INTELIGENTES

Una red eléctrica inteligente (REI) es un nuevo concepto que hace referencia a una posible virtud de una red eléctrica de tipo convencional (RE), este concepto comenzó a tratarse en los inicios del 2000, si bien existe definiciones diferentes sobre qué es exactamente una red inteligente, en distintos países, incluyendo dentro de esta definición los distintos grados de entendimiento de inteligencia de una red, todos coinciden en el siguiente aspecto, **"Una red inteligente es una red del tipo convencional a la cual se le agrega tecnología electrónica"**, de aquí en adelante el concepto de las nuevas tecnologías de información y comunicación (TICs), adquieren un valor preponderante dentro de la inteligencia, de dicha red.

Dentro de los objetivos principales del concepto de una REI, está a futuro, el poder auto administrarse, está claro que este tipo de implementaciones no está al alcance de cualquier RE, sino que para poder llegar a esto es necesario que la misma adquiera un grado de madurez tal que permita implementar las TICs.

En la gran mayoría de los países existe ya una REI, en la red de generación y transmisión de potencia, no obstante, a nivel distribución en baja potencia, existen pocos casos de este tipo.

El advenimiento de nuevas tecnologías como internet of things (IoT), Big Data, y Machine Learning, brindan nuevas herramientas para administrar estas REI, con estos nuevos conceptos, aparecen además nuevas tecnologías de hardware, y software en muchos casos abiertos y libres, como es el caso de sistemas operativos de tiempo real libres, Free RTOS, del inglés Free Real Time Operative System.

Es de esperar que estas nuevas tecnologías realicen un aporte de valor, para finalmente poder conseguir una red verdaderamente inteligente.

COMPONENTES Y TECNOLOGIA

El sector eléctrico se encuentra transitando cambios sustanciales en estos tiempos, lo cual está provocando un replanteo del sistema y de sus infraestructuras a nivel global.

Las razones que están impulsando este cambio son múltiples, e incluyen consideraciones tanto a nivel local como global, de entre las cuales podemos destacar aquí algunas de ellas: la necesidad estratégica de diversificación en las fuentes de energía, el creciente desarrollo de las fuentes de energía renovables, los cambios en las necesidades de consumo energético del usuario, y el aumento de los niveles de calidad exigidos en la energía que llega al cliente.

Este contexto genera una coexistencia, cada vez mayor, entre la generación convencional y la generación distribuida, conocida como recursos energéticos distribuidos (REDs).

Esta tendencia va aumento con los años, y exige que el sistema evolucione a un modelo diferente y mucho más tecnológico, mucho más inteligente, conocido como Smart Grid (SG), o Red Eléctrica Inteligente (REI), la Guía AEA 92559 (Asociación Electrotécnica Argentina,2017) en Argentina, la define como

"La conjunción de la red eléctrica tradicional con tecnologías modernas de la información y comunicación, que permite integrar datos provenientes de los distintos puntos de la cadena eléctrica, desde el generador hasta el usuario final; y transformarlos en información y acciones que lleven a una mejora en su gestión. Su objetivo es elevar la eficiencia, confiabilidad, sustentabilidad, calidad de servicio y producto, para hacer frente a los nuevos desafíos de múltiples generadores diversos y estilos de consumo." [1]

Analizando cada una de las frases podemos observar la necesidad de la Internet de las cosas y todos sus tecnologías y conceptos relacionados, aplicados para la administración de la red.

Una red inteligente, según AEA 92559, *"permite integrar datos"*, de aquí se puede desprender necesidades de procesamiento de grandes cantidades de datos, big data.

En una red inteligente, según AEA 92559, es necesario obtener datos medidos, *"provenientes de los distintos puntos de la cadena eléctrica"*, para ellos es necesario contar con dispositivos adaptados para esta función, pero sobre todo habla de dispositivos distribuidos en la red, IoT propiamente dicho.

Para finalmente, en una red inteligente según AEA 92559, *"poder transformar estos datos en información y acciones que lleven a una mejora en su gestión"*, orientándose claramente a la necesidad de la autogestión de la red.

Las consideraciones anteriores han traído como consecuencia un aumento de la complejidad en la gestión del sistema eléctrico, sobre todo en las áreas de distribución, donde el planteamiento de un modelo pasivo de consumo energético está dando paso a un aumento de la penetración de REDs y de la existencia de flujos de energía bidireccionales.

Para ello será necesario que el equipamiento que forma parte de las REI satisfaga estas nuevas necesidades, que en muchos casos van más allá de la propia electrónica de potencia.

Es este escenario donde los Dispositivos Electrónicos Inteligentes cobran un valor fundamental, integrando los requisitos energéticos de una comunidad o ciudad, con las bondades y funcionalidades de los sistemas electrónicos existentes en el mercado.

Para el diseño de un dispositivo electrónico Inteligente (DEI), es necesario en muchos casos sistemas embebidos en microcontroladores y/o microprocesadores capaces de poder manejar datos, y con gran capacidad de procesamiento, capaces además de poder comunicarse a distancias lejanas desde los puntos de toma de muestra y control de dicho dispositivo.

Pero más allá de las prestaciones que sean necesarias para este DEI, es necesario respetar ciertas características de los mismos, para poder satisfacer a los retos de la tecnología

Algunos de estos son:

i. Interacción en tiempo real entre el equipo y los sistemas cloud remoto para la gestión del sistema, así como con diferentes entidades que estén dentro del área de distribución.
ii. Integrabilidad, para poder vincularse en un sistema heterogéneo.

Una red inteligente vincula dos capas, una física y otra de comunicación que podría ser subdividida a su vez, en una capa, de comunicaciones propiamente dicha y una capa informática.

Existen distintos aportes de una REI a una RE, dentro de las más importantes se encuentra la bi-direccionalidad, cuando hablamos de bi-direccionalidad nos referimos a dos parámetros destacados, la energía eléctrica y los datos.

La infraestructura de una REI, es construida para establecer un medio de enlace de comunicaciones, que en muchos casos es compartido también por la energía eléctrica, dentro del medio de enlace de comunicación es posible establecer datos para medición, monitoreo, administración y control.

Existen definiciones alternativas de lo que es una REI en el mundo, por ejemplo, el Instituto de Investigación de Energía Eléctrica (EPRI), brinda una nueva definición a la red inteligente. Definieron la red inteligente como una integración de tecnologías eléctricas y de información en la red eléctrica.

Sin embargo, una breve y amplia definición de una REI es la que brinda la IEEE, "Una Smart Grid abarca la integración de las distintas tecnologías de energía, comunicaciones e información para una infraestructura de energía eléctrica mejorada que sirve a las cargas y proporciona una evolución continua de las aplicaciones de uso final". [5]

Además, proporciona las comparativas entre una red eléctrica convencional y una red eléctrica inteligente.

TOPICO	RE	REI
Método de generación	Centralizado	Descentralizado/Generación distribuida
Monitoreo	Manual	Auto monitorización
Medición	Electromecánica/Digital	Digital
Métodos de control	Limitados y pasivos	Activos
Transductores	Sensores limitados	Ilimitados
Comunicación	Unidireccional	Bidireccional
Inyección de Energía	Unidireccional	Bidireccional
Restauración del servicio	Manual y local	Auto restauración
Arquitectura de red	Radial	Red

[2]

En países pioneros en estas tecnologías han encontrado aspectos importantes a tener en cuenta en cuestiones de seguridad, tal es el caso de Estados Unidos, en dicho país, por ejemplo, el Departamento de Energía ha definido las características de una REI en una ley pública en el marco de la reunión de Seguridad e Independencia de Energía del año 2007.

La REI, ha sido aceptada como una meta para inspirar mejoras tecnológicas para ser aplicadas a la misma.

En dicha Ley existen varias secciones de políticas que incluyen la modernización de la red eléctrica, los sistemas de redes inteligentes, comité asesor y grupo de trabajo para redes inteligentes, investigación y desarrollo en redes inteligentes, marco de interoperabilidad y atributos de seguridad de red inteligente. Los requisitos y características de la caracterización de redes inteligentes, ha sido descrito tal como se muestra a continuación:

✓ Mayor uso de información digital y tecnología de controles para mejorar la confiabilidad, seguridad y eficiencia de la red eléctrica.

✓ Optimización dinámica de las operaciones y de los recursos de la red, con implementación de ciberseguridad.

✓ Despliegue e integración de recursos distribuidos y de generación, incluyendo recursos para generación eléctrica con fuentes renovables.

✓ Desarrollo e incorporación de respuesta a la demanda, recursos del lado de la demanda y recursos de eficiencia energética.

✓ Implementación de tecnologías "inteligentes" (en tiempo real y automatizadas, tecnologías interactivas que optimizan el funcionamiento físico de los dispositivos y dispositivos de consumo) tanto sea para la medición, las comunicaciones relacionadas con las operaciones y el estado de la red, y la automatización de la distribución de la energía.

✓ Integración de dispositivos "inteligentes" y dispositivos de consumo.

✓ Despliegue e integración de tecnologías avanzadas de almacenamiento de electricidad para compensación de picos de demanda, incluidos vehículos eléctricos, e híbridos.

✓ Ofrecimiento a los consumidores de información oportuna y opciones de control.

- ✓ Desarrollo de estándares para la comunicación e interoperabilidad de dispositivos y equipos conectados a la red eléctrica, incluida la infraestructura de la red.
- ✓ Identificación y reducción de barreras irrazonables o innecesarias para la adopción de tecnologías, prácticas y servicios de redes inteligentes. [3].
- ✓

INFRAESTRUCTIRA AVANZADA DE MEDICION

Existen distintos tipos de dispositivos electrónicos utilizados en una REI, dichos dispositivos forman parte de la estructura avanzada de medición, AMI, del inglés Advanced Metering Infrastructure, tal es el caso de los sincrofasores, PMU del inglés phasor measurments units, estos son utilizados en las líneas de trasmisión de alta potencia, y son utilizados para garantizar protección, brindando datos de mediciones para predecir deficiencias o fallas en las líneas de transmisión, tensiones, frecuencias y fases, no vamos a detenernos en el detalle específico de estos componentes dado que son casi exclusivos para las líneas de transmisión de potencia, y se intenta dar un enfoque más orientado a las distribución local.

Otros de los dispositivos utilizados son los medidores inteligentes SM, del inglés Smart Meters, estos son vitales para la adquisición de datos de consumo tanto en potencia como en la red de baja tensión, y desde el punto de vista de la generación distribuida de energía son indispensables dado que permiten la medición de energía en ambos sentidos, dando lugar a esquemas de facturación que se tratarán más adelante y que fomentan a la descentralización de la generación.

Estos SMs pueden compartir sus datos a través de distintos medios de enlace, los hay compartiendo los conductores por donde además se transmite la energía, como los que transportan estos datos a través de medios independientes como es el caso que abordaremos en este trabajo, y el cual utiliza como medio de enlace el aire, utilizando tecnologías de radiofrecuencia con tecnologías de baja potencia de consumo, LPWAN, del inglés Low Power Wide Area Network.

En los primeros, se hace uso de la bondad del desplazamiento en frecuencia portadora de los datos, a valores muy altos de frecuencia alrededor de 1 o 10 MHz dependiendo de la tecnología, lo que hace poco probable pérdida o colisión de datos por la señal de energía.

Dentro de las tecnologías más utilizadas, podemos observar el detalle que realizo la Guia AEA 92559 de la Asociación Eléctrica Argentina, en la cual adosa una capa más dentro de una REI.

- ✓ Capa de potencia y energía.
- ✓ Capa de comunicaciones.
- ✓ Capa informática.

La capa de potencia y energía es la capa donde se produce el despacho de energía, en algunas de las tecnologías coincide con la capa de comunicaciones, llevando los datos a una frecuencia de portadora mucho mayor que los 50 Hz.

En tanto la capa de comunicaciones e informática, son las capas donde se define al flujo de datos producto de mediciones, comandos, alarmas, estados, señalizaciones u otro tipo de variables que viajan desde y hacia cualquiera de los dispositivos o elementos que componen a la red eléctrica inteligente.

Las comunicaciones son la columna vertebral de una REI. Éstas juegan un papel fundamental, permitiendo a los diversos equipos distribuidos conectarse con los centros de gestión de la información.

Respecto al tipo de comunicaciones a la actualidad existen las siguientes

- ✓ Telefonía móvil: GSM (2G), GPRS/EDGE (2,5G), UTMS (3G), WiMax(4G), LTGE (4G).
- ✓ Telefonía fija.
- ✓ RF 2,4 GHz de Corto Alcance: ZigBee, Bluetooth, soluciones propietarias.
- ✓ Onda Portadora: PLC (Power Line Carrier Comunication).
- ✓ WiFi.
- ✓ Enlace por RF Soluciones propietarias.
- ✓ Fibra Óptica: Multi-modo, mono-modo.
- ✓ Satelital: LEO (Orbita baja) GEO (Geoestacionario) [1].

Cada una de ellas ofrece prestaciones diferenciadas las cuales se pueden apreciar en la siguiente Figura

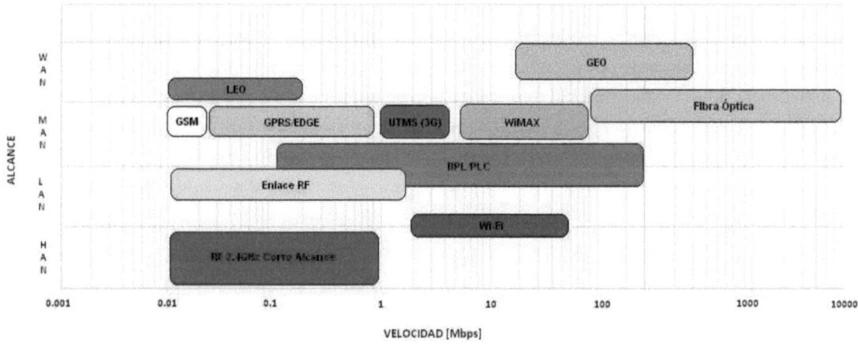

Figura 1: Grafico de alcance vs Velocidad, Tecnologías [1]

En los últimos años, la elección de las distintas tecnologías de comunicación aplicadas a una REI, presentó la siguiente distribución.

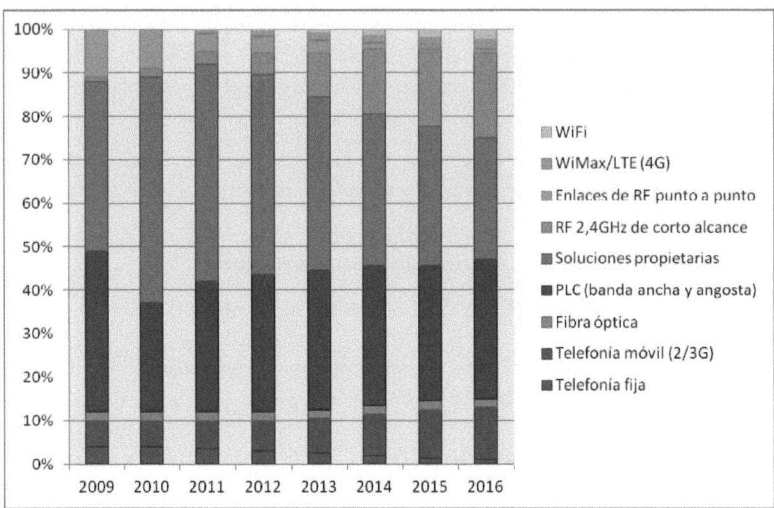

Figura 2: Evolución de tecnologías en REI. [1]

Es notable, ante el advenimiento de esta tecnología, el alto porcentaje de soluciones de comunicación de tipo propietaria, desarrollada ya sea por empresas como asi también por Universidades y Centros de Investigación, casi en la misma cantidad que la tecnología PLC Power Line Carrier, también conocida como Power Line Communication.

Si observamos, con el tiempo, esta proporción se hace cada vez más chica, esto se da en virtud de un aumento en soluciones de RF de corto alcance, ya estandarizadas, surge acá un análisis de la importancia de la estandarización para poder implementar una REI, el uso de multiplataformas, favoreciendo a la industria abierta y competitiva, hace necesaria una integración de datos en todos sentidos para poder generar un ambiente de generación y consumo de los datos de medición y registro de fallas, surgiendo aquí una nueva definición, los prosumidores de información, aquellos terminales de medición que además de consumir información la generan.

Por otro lado, esta los sensores inalámbricos de red, WSN, del inglés Wireless Sensor Network, el enfoque de este trabajo apunta a la utilización de tecnologías LPWAN utilizando la de la Alianza LoRa, para su implementación.

Para finalizar, dentro de los dispositivos que componen los AMIs en baja tensión, no podemos omitir a los analizadores de red, que son quienes realizarán las mediciones de la calidad de la energía generada por sistemas de generación distribuida, y mediante la información obtenida de los mismos es posible poder predecir fallas.

CAPITULO 02: ESTADO DEL ARTE

PROYECTO DE REDES INTELIGENTES CON ENERGIA RENOVABLES (PRIER), ARMSTRONG SANTA FE, ARGENTINA.

Existen distintos proyectos que integran redes inteligentes con energías renovables, el Proyecto de Redes Inteligentes con Energías Renovables, PRIER, que se encuentra localizado en Armstrong Santa Fe, es uno de ellos.

El Proyecto de Redes Inteligentes con Energías Renovables (PRIER) apuntó a promover la participación activa del usuario en pos de acercar la generación al consumo. Entre sus objetivos, persigue diversificar la matriz energética nacional con especial atención en el sector eléctrico. Las acciones para llevar adelante esta ambiciosa iniciativa comenzaron formalmente a principios de 2016 y se extendieron durante los próximos tres años, período en el que se conformó una red de generación distribuida utilizando energías renovables.

Su puesta en marcha estuvo a cargo de un consorcio asociativo público-privado que integraron el INTI, la Facultad Regional Rosario de UTN, y la Cooperativa de Provisión de Obras y Servicios Públicos y Crédito Ltda de Armstrong (CELAR).

En este proyecto la red convencional convive con la red inteligente y esta última será la encargada de administrar la inyección de energía con fuente renovable. En este sentido, el proyecto contempla el desarrollo y puesta a punto del conocimiento necesario para modificar las estructuras dominantes de las redes de distribución, transformándolas en redes que posean un rol activo, no sólo en lo que respecta al consumo de energía sino específicamente a su producción.

Para lograrlo se incentivó un programa de sensibilización, comunicación y capacitación en diferentes niveles para lograr una mayor participación de la población local en el proyecto bajo el concepto de prosumidores.

El desafío fue identificar los aspectos relevantes que aseguren los modelos de replicabilidad del proyecto que fomente la generación distribuida de energías renovables en el plano nacional.

El universo de replicabilidad es muy grande, prioritariamente se identifican en Argentina unas 418 cooperativas que distribuyen energía eléctrica, entre otros servicios, a más de 2.405.779 de usuarios. Solo en la provincia de Santa Fe, existen 59 cooperativas eléctricas, que con un marco normativo técnico adecuado serán objeto de los resultados del proyecto.

La Empresa Provincial de Energía de Santa Fe (EPE), distribuidora provincial a la cual se encuentra interconectada la CELAR, estableció en octubre de 2013 la Resolución 442 que habilita a la generación distribuida en baja y media tensión con fuentes renovables de energía y establece los procedimientos técnicos para las mismas.

El PRIER contempla la instalación de sistemas solares fotovoltaicos y aerogeneradores de baja potencia conectados a la red de distribución local.

Una planta FV de 200 kW en el parque industrial, que conformó un mix de generación distribuida para entregar energía eléctrica a la red de distribución, más instalaciones de baja potencia.

Las instalaciones de baja potencia están instaladas en distintos emplazamientos residenciales urbanos y espacios públicos. El criterio de selección se llevó a cabo en base a distintas consideraciones técnicas, como la ubicación geográfica, la orientación, las sombras y los tipos de techo, así como la capacidad de la subestación, entre otras variables.

Se recorrieron diferentes barrios de la ciudad de Armstrong para definir los sitios de instalación de los distintos sistemas distribuidos, teniendo en cuenta las evaluaciones socio-técnicas.

La cooperativa cuenta con una distribución en Media Tensión (MT) constituida por 6 circuitos alimentadores, cuatro de los cuales son urbanos (uno residencial, dos residenciales industriales y uno industrial) y dos rurales. Todos los alimentadores tienen una configuración radial con la posibilidad de anillarse en puntos estratégicos de la red, además coinciden con las seis salidas de celdas de MT de la subestación 33/13,2 kV.

CIUDADES ENERGÉTICAMENTE INTELIGENTES

La ciudad de Armstrong en Santa Fe, es una ciudad energéticamente inteligente dado que integra de manera equilibrada tres conceptos.

Dos de ellos, de los más difundidos a la hora de hablar de reducción de las pérdidas energéticas, una en el tendido eléctrico de transporte y distribución, y, por otro lado, el uso racional del recurso energético, que además de contemplar la utilización de dispositivos eléctricos de menor consumo y mejores prestaciones, incluye buenos hábitos en el uso de la energía.

    i.   **GENERACIÓN DISTRIBUIDA**, de energía eléctrica con fuente renovable.
   ii.   **USO RACIONAL** de la energía.

El tercer componente, es la posibilidad de registrar la generación de las fuentes renovables en una misma plataforma, replicando la posibilidad de una experiencia mucho más diversa que la que se presentó en este proyecto.

La necesidad de poder interactuar entre distintos equipos de medición, donde cada uno de ellos reporta a plataformas disímiles en su forma de administrar los datos hace prioritario una armonización de la información, en pos de poder aprovechar la misma para la mejora de la calidad de vida de los conciudadanos de una comunicad.

Es aquí donde aparece el concepto:

   iii.   **IoT** (Internet de las cosas) aplicado a energía.

Existen numerosas plataformas para poder desarrollar internet de las cosas, con eventual aplicación en energía, una de las que se lleva el mercado mayoritariamente es la ofrecida por Amazon, en su interfaz Amazon Web Service, deja al usuario desarrollador, la posibilidad de integrar datos, concibiendo la solución desde una instalación de servidor propio, por ejemplo.

Por otro lado ofrecen estructura pre diseñadas donde se puede montar los equipos que correspondan a una aplicación determinada, aplicando la estructura de solución que puede observarse en la Figura 4.

Figura 3: Aplicaciones reales del mundo IoT. [15]

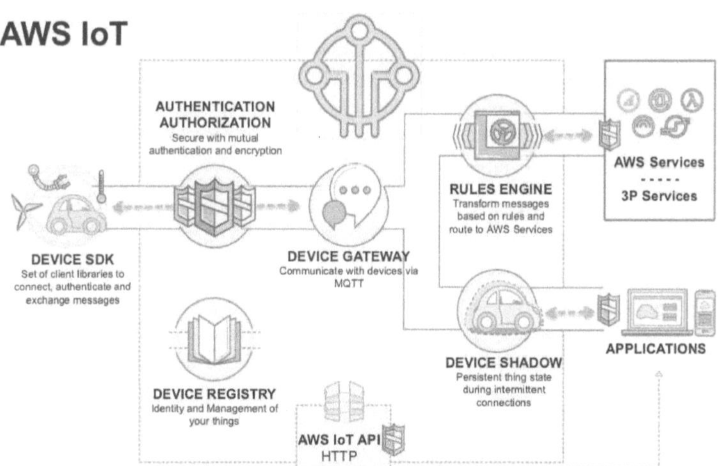

Figura 4: Esquema representativo de IoT, en Amazon Web Service (AWS IoT). [20].

INTERNET DE LAS COSAS EN REDES ELECTRICAS INTELIGENTES

Desde 2011, y tras la aparición del nuevo concepto denominado Industria 4.0, y Ciudades Inteligentes como campo de aplicación de algunas tecnologías que devenían de la Industria, comenzó a avizorarse la incursión de la inteligente en redes eléctricas en el sector de la distribución y usuario.

Este efecto, generó que varios interesados comenzaran a ocuparse de dicho escenario, con lo cual se comenzaron a incrementar el uso de tecnologías de comunicación de bajo costo y con gran alcance, muchas de ellas con presencia en el campo de IoT, aportando de esta manera, un valor significativo a los tipos de comunicaciones existentes.

Este nuevo concepto de red inteligente con aporte de IoT, necesitaba regulaciones, de hecho, en muchos de los casos, las apariciones de nuevas tecnologías de comunicación aplicadas a IoT, trae consigo un número elevado de desarrolladores que implementan soluciones con protocolos propios y sin estandarización, con lo cual la integración aparece como una meta muy lejana.

Como meta principal se siguen los lineamientos para poder alcanzar, algunos de los objetivos que se alcanzarían con una red inteligente:

- ✓ Mayor eficiencia de la transmisión de la energía, tras la aparición de nuevas fuentes distribuidas de generación renovable.
- ✓ Con estas fuentes se disminuyen los picos de demanda.
- ✓ Rápida restauración del servicio, por medio de nodos concentradores que incrementan la velocidad de reacción localizada.
- ✓ De esta forma, se disminuyen los costos de operación por parte de las empresas administradores.
- ✓ Implementación de seguridad de los datos, con estándares informáticos aplicados en otros campos.

Esto genera áreas específicas de estudio que forman parte de Internet del Futuro, aparecen el IoT, Big Data y Cloud, como aportantes a distintos escenarios energéticos, y sus aportes como nuevas características disruptivas, las cuales pueden observarse de manera esquemática en el siguiente gráfico.

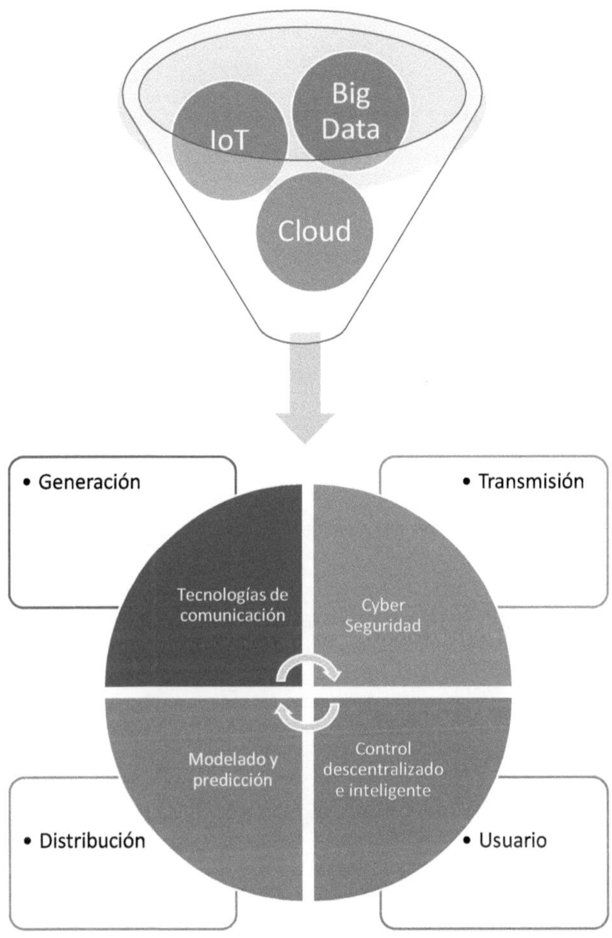

Esquema representativo de aportantes al nuevo sistema energético [9]

ACTORES VINCULADOS A LAS REDES ELECTRICAS INTELIGENTES

Si bien en una red eléctrica los actores estuvieron definidos desde hace décadas, la incursión de nuevas tecnologías genera aportantes y demandantes distintos, con interacción a nuevos proveedores de productos, servicios y soluciones. Eso lleva a un nuevo acuerdo para implementación de nuevas tecnologías, los actores podrían sintetizarse en los que aparecen en el siguiente esquema.

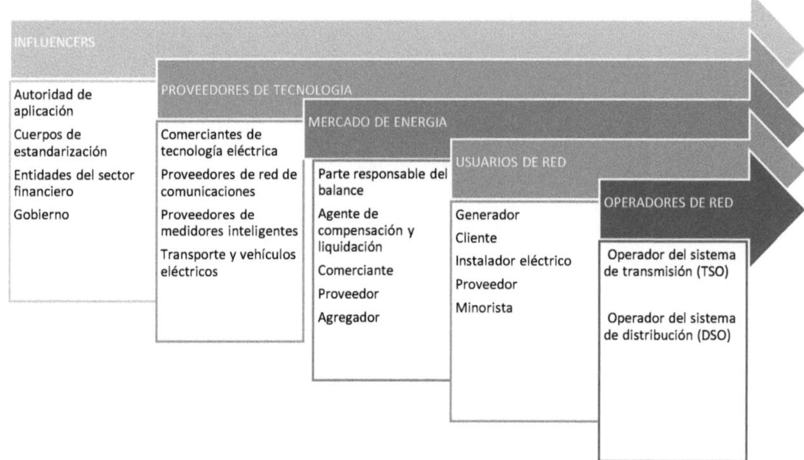

Esquema representativo de actores en una REI [6]

INFRAESTRUCTURA IoT EN REDES INTELIGENTES

Podemos considerar a la estructura de IoT en una red inteligente como la conjunción armónica de tres componentes principales.

- ✓ Dispositivos o endpoint IoT
- ✓ Red de comunicaciones
- ✓ Plataformas cloud

Los dispositivos IoT o endpoint IoT, que son conectados para interactuar en una red inteligente, deben cumplir ciertos requisitos que hacen al funcionamiento correcto, y sostenido en el tiempo.

Los mismos deben consumir la menor energía posible como para poder ser alimentados de manera externa a la energía de red, esto hace independiente su funcionamiento de la misma, y más fiable la información que entregue.

La red de comunicaciones, deben poder brindar un ancho de banda que propicie una comunicación armónica sin supresión o pérdida de datos de información, esta característica va orientada a garantizar la escalabilidad de la solución, la posibilidad de colocar cientos de dispositivos de monitoreo y control, sin caída del servicio ni perdida de información.

Como armonización de la solución se presentan las plataformas cloud, estas son las encargadas de recibir la información, almacenarla en las bases de datos correspondientes, generalmente en implementaciones IoT, serán bases no secuenciales o NoSQL, y procesarlas para poder generar modelos de uso, tendencias y analizar patrones de fallas, para eventualmente poder realizar las acciones tendientes a eliminar las causas o reducir los efectos colaterales de las fallas.

La privacidad y seguridad informática son de las razones más importantes para tomar la decisión de elección de una plataforma, la integridad de los datos es un hecho crucial para lo que viene asociado a las redes inteligentes, la facturación, es indispensable garantizar metrológicamente los datos, ya que estamos en presencia de una transacción de tipo comercial.

Para tal fin, los dispositivos deben estar homologados, y trazados a las magnitudes que correspondan.

INTERNET OF ENERGY (IoE)

La inclusión de las tecnologías mencionadas en unidades anteriores, da lugar a un nuevo concepto que surge de la fusión de IoT y redes eléctricas inteligentes (REI), la internet of Energy, dentro de todo el abanico de soluciones tecnológicas son las de menor consumo y mayor grado de penetración y alcance las utilizadas en este mundo. [9]
Si bien las TICs dentro de una REI pueden ser elegidas dentro de cualquier tecnología disponible lo cierto, es que existe un sesgo a la elección de tecnologías que permitan conexiones punto a punto que sean independientes de las fuentes de comunicación de los usuarios.
En ese caso, la capacidad de comunicaciones a través de redes propietarias desarrolladas en tecnologías de largo alcance como las que se pueden identificar en el grafico siguiente, son las preferidas, dominando en este caso por encima de 802.11 o WiFi,

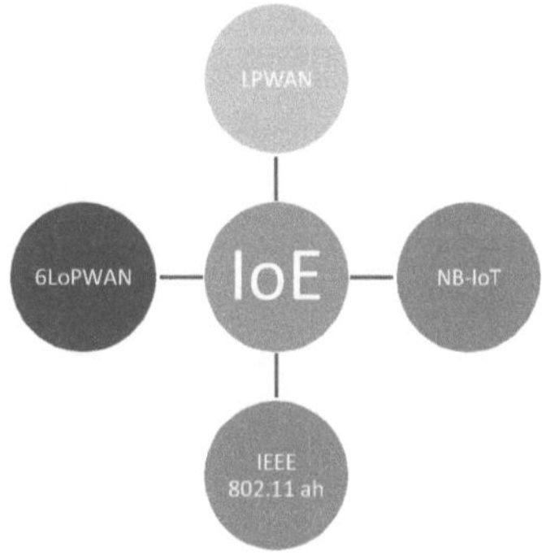

Tecnologías de largo alcance, en comparación con WiFi [6].

De acuerdo a las características de conectividad de una región el grado de alejamiento de los concentradores de información de la red o mismo de los Gateway da lugar a la elección de la tecnología, si estamos en un área urbana con buena cobertura de internet tecnologías que puedan aprovechar la red celular, como las que aprovechan la conectividad de internet y el tendido de la red, entonces NB-IoT, y IEEE 802.11 ah, son las correctas; la primera de estas si es que la compañía celular brinda este tipo de redes y chips para el uso, y la segunda, es una versión de mayor alcance del WiFi tradicional de corto alcance 802.11.

Sin embargo, si estamos en la periferia de la ciudad o incluso más lejos aún, las tecnologías relacionadas a LPWAN bien sea las que las que trabajan con Gateway propietario con tecnología y protocolos establecidos por el fabricante, (las cuales deberán ser acordes a normativa), o los que se conecten directamente a través de Gateway LoRaWAN bien por IPV4 o IPV6.

NORMATIVAS

El poder trabajar en un marco normalizado es la diferencia entre el caos, y el orden técnico/tecnológico.

En IoE, se pueden aplicar normativas de tipo internacional, IEEE 2030.5 y la IEC 61968, la primera de estas IEEE Standard for Smart Energy Profile Application Protocol, el justificativo del trabajo se puede sintetizar en la traducción de lo textual de la Norma:

El empoderamiento de los consumidores para gestionar su uso y generación de energía es una característica crítica de la Smart Grid, y es una base de innovación para nuevos productos y servicios en la gestión de la energía.

Para permitir esta capacidad, el flujo de información entre dispositivos como medidores, dispositivos inteligentes, enchufes eléctricos de vehículos, sistemas de gestión de la energía y recursos energéticos distribuidos (incluidas las energías renovables y los elementos de almacenamiento) deben ocurrir de manera abierta, estandarizada, segura e interoperable.

La misma, indica en dos clausulas dos aspectos obligatorios a la hora de la implementación de una red inteligente, en dos capítulos orientados a Smart Energy Resoruces, y Manufacturer-specific proprietary extensions.

IEEE 2030.5, implementa el estándar IEC 61968 quien a su vez se basa en la IEC 61850,

TECNOLOGIAS UTILIZADAS EN IoE

LPWAN

LPWAN (Low Power Wide Area Network) es una red de comunicación por radiofrecuencia que tiene la particularidad que los dispositivos que forman parte de ella, dada su tecnología, tiene un alcance amplio, con un bajo consumo de energía.

Entre ellas se pueden ubicar algunas marcas, emprendimientos y estándares, SigFox, LoRa, NB-IoT.

TECNOLOGIAS

Tecnología SigFox

Sigfox es una tecnología de banda estrecha (o banda ultra estrecha, que utiliza un método de transmisión de radio estándar llamado codificación binaria de cambio de fase (BPSK), ésta toma fragmentos de espectro muy estrechos y cambia la fase de la onda portadora para codificar los datos.

Esto permite que el receptor solo escuche en una pequeña porción de espectro, lo que contrarresta el efecto del ruido.

Respecto al modelo de negocio, SigFox, es del denominado Top-Down, es decir, esta compañía es propietaria de la red posee toda su tecnología, desde los datos de back-end y el servidor en la nube, hasta el software de puntos finales.

Sigfox entrega su tecnología de punto final a cualquier fabricante de silicio o proveedor que la desee, siempre que se acepten ciertos términos comerciales.

El objetivo final de Sigfox es lograr que grandes operadores de redes de todo el mundo implementen sus redes.

Tecnología LoRa

La tecnología LoRa, es desarrollada por Semtech, y es la más utilizada dentro de las tecnologías para LPWAN en la banda sin licencia por debajo del GHz. Como resultado de esto, la red LoRa es fácil de implementar en un rango de más de varios kilómetros, y atiende a clientes con una inversión mínima y costos de mantenimiento. [17]

Debido a la utilización de bandas sin licencia, la red LoRa está abierta a los clientes que carecen de autorización de los reguladores de radiofrecuencia, en Argentina ENACOM.

Existen varios beneficios técnicos, el primero de estos es que la modulación LoRa está basada en el esquema chip spread spectrum (CSS), que utiliza pulsos modulares de frecuencia lineal de banda ancha cuyo a frecuencia aumenta o disminuye según la información codificada, dicha tecnología de modulación se ha utilizado para aplicaciones de radar desde la década de 1940. Además, la tecnología LoRa admite cifrado de datos, para garantizar la seguridad del canal utiliza pares de claves cifradas AES-128. [17]

La otra mejora de la optimización de la red LoRa, es el protocolo para dispositivos que sean ubicados en regiones donde un consumo bajo de energía sea prioritario, porque el tráfico de datos ascendente por lo general excede la cantidad de tráfico de datos descendente para las redes IoT, con lo cual la bajada de estos datos podría incurrir en un mayor consumo de energía, esto es aplicado por LoraWAN, (que es la forma de conectar distintos nodos de IoT, mediante comunicación LPWAN usando LoRa, y pudiendo comunicarse a internet a través de sus Gateway).

Hasta ahora, la tecnología LoRa ha sido probada en muchos países en demostraciones sobre medidores inteligentes, seguimiento del tráfico, redes eléctricas inteligentes, dispositivos inteligentes de toda índole.

En los Países Bajos, el operador de telecomunicaciones KPN ha desplegado una red LoRa que cubre todo el país, como tiene SK Telecom en Corea. [17]

LoRa es abierto y colaborativo, esto se basa en la existencia de la Alianza LoRa con más de 300 miembros. La Alianza es un ecosistema colaborativo de desarrolladores que diseñan productos y soluciones para IoT, que necesitan conectividad, al trabajar juntos, los miembros pueden expandir sus redes, habilitar nuevos escenarios de casos de negocios y ser sostenible desde una perspectiva empresarial, al mismo tiempo que comparten sus conocimientos para hacer que la IoT sea más inteligente y permita una mayor

Los miembros impulsan el desarrollo de la norma y tienen el derecho de certificar sus productos y aprovechar el reconocimiento global de la Alianza.

LoRa puede ser aplicado con conexiones punto a punto, utilizando gateways diseñados específicamente para la solución requerida, sin embargo, existe la posibilidad de trabajar con el protocolo LoRaWAN, utilizando gateways certificados por la Alianza LoRa, esta permite que las redes públicas y privadas conecten dispositivos en todo el mundo de manera fácil y eficiente para cualquier aplicación de IoT que utilice una comunicación de bajo consumo, de largo alcance y segura.

Basado en estándares abiertos, LoRaWAN está respaldado por un ecosistema grande y diverso, que ofrece la más amplia gama de opciones para obtener valor de los datos de IoT.

Características de los dispositivos con tecnología LoRa

Dependiendo del tipo de configuración que deseemos implementar en nuestra arquitectura, podemos utilizar sólo la tecnología de comunicación LoRa, es decir lo físico concreto, elaborando de manera propietaria nuestros protocolos, como así también utilizar los estándares de LoRaWan, la cual es compatible con estándar IEE 802.15.4g

Cualquiera de los dos estándares elegidos, físicamente se pueden lograr alcances de hasta 5 km, dependiendo de altura de antena y cantidad y calidad de los obstáculos, una penetración alta en interiores, y por supuesto comunicación bidireccional, apoyado además por la baja energía consumida lo que hace que las mismas duren más de 20 años, el consumo de corriente en modo sleep es de 100 nA, y en modo activo 4.6 mA

Algunos de los chips comercializados por Semtech, son los que se detallan en la figura 5, se puede observar del diagrama en bloques de la figura 6, que el mismo debe ser controlado por protocolo SPI (Serial Peripheral Interface), aunque esto sólo debe tenerse en cuenta en la etapa de diseño a bajo nivel, dado que los productos comerciales LoRa, en su gran mayoría ya vienen integrados con microcontroladores que facilitan su uso.

LoRa Products							
Part Number	Frequency Range (MHz)	Link Budget (dB)	RXCurrent (mA)	FSK Max DR (kbps)	LoRa DR (kbps)	Max Sensitivity (dBm)	TX Power (dBm)
SX1261	150–960	163	4.6	300	0.018–62.5	-148	+15
SX1262	150–960	170	4.6	300	0.018–62.5	-148	+22
SX1268	410–810	170	4.6	300	0.018–62.5	-148	+22
SX1272	862–1020	158	10	300	0.3–40	-138	+ 20
SX1273	862–1020	150	10	300	1.7–40	-130	+ 20
SX1276	137–1020	168	11	300	0.018–40	-148	+ 20
SX1277	137–1020	158	11	300	1.7–40	-138	+ 20
SX1278	137–525	168	11	300	0.018–40	-148	+ 20
SX1279	137–960	168	11	300	0.018–40	-148	+20

Figura 5: Dispositivos LoRa [10].

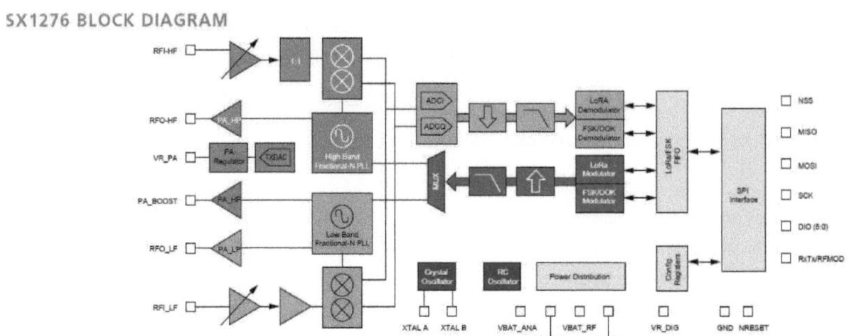

Figura 6: Dispositivos LoRa, Diagrama en bloques.[10]

Topología LoRaWAN

En el caso de seguir los lineamientos planteados por la Allianza LoRa, la arquitectura que debemos respetar es la que se observa en la figura 7, donde en relación a una implementación sólo con LoRa, se deben modificar los Gateway para elegir propietarios de la solución.

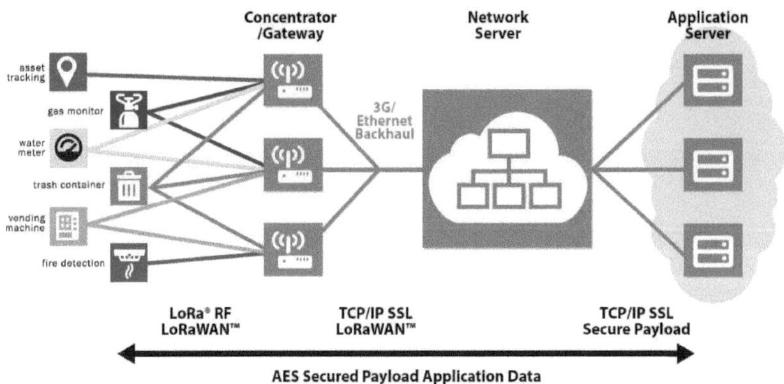

Figura 7: Topología LoRaWAN.[10]

Existen distintas empresas que fabrican soluciones de conectividad en base a la alianza LoRa, dichas empresas deben proponer la solución que sea acorde a lo descrito en la figura 8, se puede observar que no solo el tipo de conectividad final hacia un servidor se realiza a través de internet, sino que también los hay en 3G, entre otros.

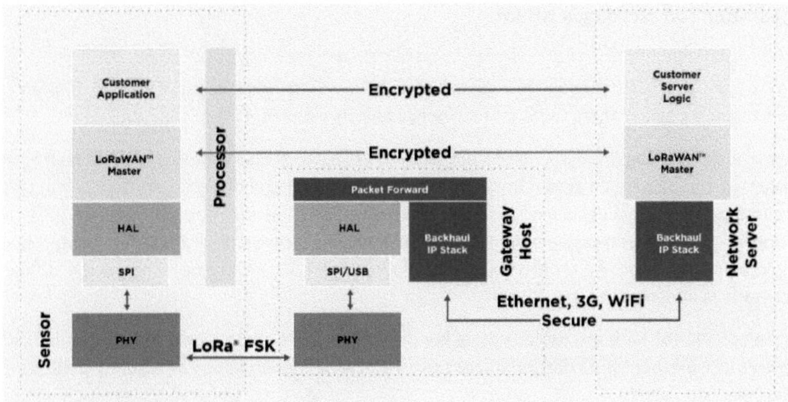

Figura 8: Fuente [10] Topología LoRaWAN, Físico.

Comparación con tecnología NB-IoT.

NB-IoT es un nuevo sistema de IoT de banda estrecha construido a partir de LTE existente aprovechando de esta manera todas las funcionalidades de esta red. [19]

El estándar de tecnología fue anunciado por el 3GPP en 2016, el cual promete proporcionar una cobertura mejorada para un gran número de dispositivos de bajo rendimiento, de bajo costo, con bajo consumo de energía del dispositivo, en aplicaciones delay tolerant, que son aquellas que son tolerantes a las demoras que se generan cuando se tienen dispositivos de distintos fabricantes, por ejemplo, es decir un poco heterogéneos, desde el punto de vista concreto de su operación, donde es necesario la interoperabilidad. [19]

La tecnología NB-IoT hace uso de canales de banda estrecha para proporcionar mayor sensibilidad y largo alcance a expensas de datos limitados tasas, típicamente por debajo de algunos cientos de bits por segundo (bps).

Las ventajas de la tecnología NB-IoT incluyen una mejora cobertura interior, y su capacidad para conectar una gran cantidad de dispositivos de bajo rendimiento con una velocidad de datos adaptada según lo indicado por la directriz 3GPP, el objetivos de diseño de la tecnología NB-IoT incluyen dispositivos de bajo costo, alta cobertura (una mejora de 20 dB con respecto a la radio de paquete general servicio (GPRS)), duración prolongada de la batería del dispositivo (más de 10 años), y capacidad masiva (más de 52 000 dispositivos por canal por célula). [19]

En comparación con la red LoRa, la red NB-IoT está diseñada para trabajar sin problemas en las redes GSM y LTE existentes dentro de las bandas de frecuencia licenciada, sin ser necesarias, enormes actualizaciones de las existentes estaciones base, aun así, a pesar de la utilización eficiente de las redes celulares existentes, muchos fabricantes de telecomunicaciones, incluidos Huawei, Ericsson, y Nokia, apoyan la estandarización de la red NB-IoT.

Hasta ahora, la comercialización de redes NB-IoT ha sido iniciado con un enfoque particular en las aplicaciones para el transporte inteligente, gestión, logística, redes inteligentes y fabricas inteligentes, grandes empresas de telecomunicaciones como AT & T y China Telecom anunciaron planes ambiciosos para utilizar redes NB-IoT y de esta manera implementar su cobertura en las principales ciudades desde 2017. [19]

Comparación con tecnología GPRS.

Antes de LPWAN, muchas aplicaciones comerciales de IoT se ejecutaban en redes GPRS. La tecnología GPRS se conoce comúnmente como Comunicación móvil "2.5G"; las siguientes tecnologías, 3G y 4G están dirigidos a altas velocidades de datos por dispositivo o a latencia mínima para apoyar la transmisión de alta calidad de voz, imagen, y video.

Con respecto a los aspectos de consumo de energía, latencia, cobertura y velocidad de datos. Se espera que los dispositivos finales en LPWAN tengan una décima parte del consumo de energía y una mejora de 20 dB por encima de las redes GPRS.

Además, la capacidad de las redes GPRS está limitado por los canales de comunicación, mientras que tanto NB-IoT como las redes LoRa han optimizado la utilización de la composición del canal en orden para extender las capacidades de conexión a velocidades de datos más bajas.

Comparación con áreas de tecnología IoT.

Para realizar conexiones entre dispositivos personales, tales como notebooks, tablets , teléfonos inteligentes, y dispositivos de IoT, las tecnologías ZigBee y WiFi han dominado el mercado actual de IoT.

WiFi (Protocolo IEEE 802.11) es utilizada si es necesario de una gran velocidad de datos y baja latencia, pero su consumo de energía es mucho mayor que el de ZigBee, el principal inconveniente de WiFi, es la baja distancia de cobertura de esta tecnología, con lo cual la hace excluyente de aplicaciones en energía en espacios abiertos.

ZigBee (Protocolo IEEE 802.15), está diseñado para proyectos a pequeña escala que necesitan conexiones inalámbricas, y se usa para crear área con redes personalizadas con baja transferencia de datos y de bajo consumo, como por ejemplos automatización para el hogar, aplicaciones en pequeñas industrias y otros dispositivos de bajo consumo, en síntesis, pero con baja velocidad de datos. [19]

El grado de utilización de ZigBee en implementaciones de internet de las cosas orientadas a la energía, es muy bajo, dado que al igual que WiFi uno de sus problemas principales es la baja distancia de cobertura, a esto se le suma la poca integrabilidad del dispositivo.

La figura 9, compara la distancia de comunicación, la conexión máxima, y velocidad de datos entre WiFi, ZigBee y LPWAN.

De la misma se puede concluir que, LPWAN proporciona una distancia de cobertura mucho mayor y una conexión más alta de capacidad para redes IoT.

Comparisons between GPRS and LPWAN technologies.

Technology	Power consumption	Latency	Coverage	Data rate
GPRS	High	Low	MCL 130 dB	Maximum 171.2 kbps
LPWAN	Low	Not guaranteed	MCL 150 dB	Adaptive from 0.1 kbps to 250 kbps

Comparison of ZigBee, WiFi, and LPWAN technologies.

Technology	Communication distance	Maximum connection	Data rate
ZigBee	10–75 m	≤ 255	Maximum 171.2 kbps
WiFi	100 m	≤ 255	> 10 Mbps
LPWAN	3 km to city scale	≤ 50 000 (NB-IoT), ≤ 200 000 (LoRa)	Adaptive from 0.1 kbps to 250 kbps

Figura 9: Comparación de tecnologías inalámbricas. [19]

CAPITULO 03: DESCRIPCIÓN DEL PROBLEMA

En un mercado como el de las energías renovables existe una gran oferta disponible para insumos que luego son utilizados como fuentes de generación, centrándonos específicamente en el inversor fotovoltaico y sin tomar en cuenta parámetros y calidad de su conversión de corriente continua a alterna, en lo referido a la forma en que se comparte su información no existe un estándar en el formato de la misma.

Cada una de las marcas existentes de inversores, ofrecen su información en sitios propietarios y acceder a estos en muchos casos refiere a un costo extra.

Por otro lado, cada uno de ellos, además, ofrece plataformas integradoras de datos que a su vez también tienen su costo adicional.

Llegando a la operabilidad entre marcas, resulta imposible al día de hoy, y poco probable en el mediano plazo un acuerdo a través de una alianza como existen por ejemplo para medidores de energía eléctrica inteligentes (alianza PRIME), la posibilidad de consensuar protocolos de comunicación, incluso aún mucho menos la posibilidad de colaborar en el armado de una extensa base de datos que permite acumular la información de los distintos puntos de generación distribuida de una región, municipio, provincia y país, salvo que se elija una única marca específica para su desarrollo.

Abocándonos en el ejemplo de PRIER, y enfocándonos en medidores de energía y no en inversores fotovoltaicos, este proyecto incluyo en su primera etapa cuatro marcas de medidores distintos, CIRCUTOR, ELSTER, HEXING y DISCAR, ellos fueron integrados en mayor o menor medida en un sistema desarrollado por una empresa externa al proyecto.

El compatibilizar la información fue una tarea difícil, donde se incluyó la interacción con las empresas, dado que la información de sus equipos en muchos casos la consideran un activo.

Yendo a un ámbito no reglado como es el caso de la información de los inversores fotovoltaicos, la situación es muy parecida, no existe estándar, y se sigue sosteniendo la idea de la información como un bien.

El no poder contar con la información centralizada de los distintos puntos de generación nos impide elaborar modelos que nos ayuden a predecir consumos energéticos y detección temprana de fallas en una red propiciando ahorros considerables en un sistema de interconexión, bajando entre otros los costos de parada y reconexión.

Contar con dicha información, nos permitiría establecer basándonos en big data y el modelado estadístico de datos características de un sistema que podrían ser utilizados para beneficio del sistema eléctrico, incluyendo a todas sus partes.

CAPITULO 04: SOLUCIÓN PROPUESTA

Los sistemas fotovoltaicos que se incluyeron en el PRIER cuentan con inversores fotovoltaicos que tienen abiertos sus puertos Modbus a través del protocolo Ethernet, este tipo de comunicación y protocolo se utilizan para poder consultar sus posiciones, en las mismas se puede peticionar distintos parámetros de generación fotovoltaica.

Por lo que se confeccionó un equipo intérprete de códigos MODBUS Ethernet, constituido por un sistema electrónico compuesto principalmente por un microcontrolador de 8 bits y una etapa con conectividad ethernet, con la cual poder comunicarse hacia los inversores fotovoltaicos.

Por otro lado, era necesario concatenar toda la información que surgía de estos inversores y administrarla dentro de una misma plataforma, para tal fin, fue necesario incorporar otra etapa más para satisfacer dicha necesidad.

Al ser instalaciones de generación distribuida, estas podrían estar separadas kilómetros unas de otras por lo cual se decidió por la incorporación de una etapa de comunicación de radiofrecuencia de largo alcance, en este caso implementada a través de LoRa, detallada anteriormente, con lo cual al detalle anterior del hardware se le agrega una etapa de conectividad de esta naturaleza.

Al mismo se lo ha denominado Gateway (GTW INV FV) inversor dado que está vinculando dos redes de características diferentes, y el mismo está conectado al inversor.

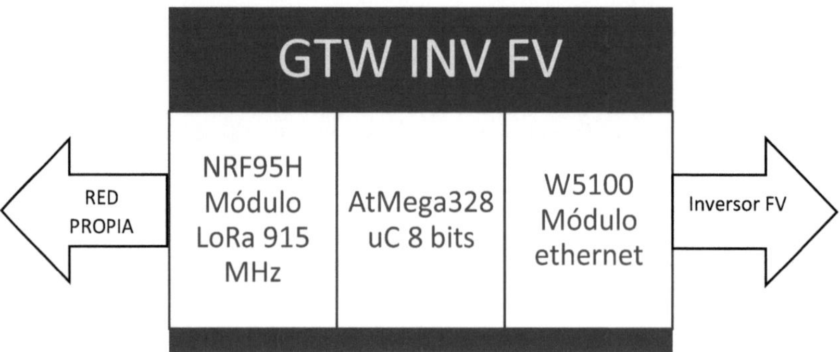

Lo que se deseaba hacer es interpretar la información proveniente de los inversores fotovoltaicos para ser vinculados en una misma plataforma para realizar la integración de datos.

En otro sector de la ciudad debe existir conectado a internet a través de un puerto ethernet, un dispositivo de las mismas características que el que se conecta a un inversor, pero en este caso con un firmware diferente que el utilizado para realizar consultas por Modbus al inversor, dado que lo que se buscaba con este equipo es poder recopilar la información proveniente de los distintos nodos finales (distintas instalaciones fotovoltaicas con un equipo conectado a su puerto Modbus), para poder subirlo a un servidor en internet.

Al mismo se lo ha denominado Gateway ethernet (GTW ETH) dado que está vinculando dos redes de características diferentes, y el mismo está conectado al inversor.

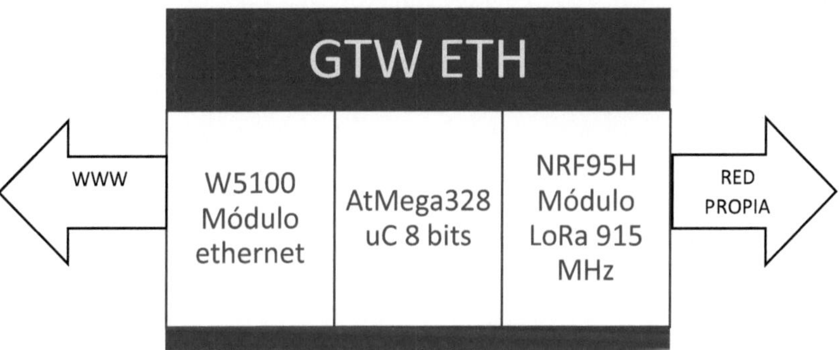

En lo referido al software era necesario poder disponer de un servidor web, y que además manejara el lenguaje de los dispositivos IoT.

Si bien existen varias plataformas, la necesidad en este caso era poder contar con una que ya tuviera resuelta las etapas de visualización y administración de los distintos datos provenientes de distintos inversores.

La idea general era poder tener en un mismo sitio toda la información de distintos inversores.

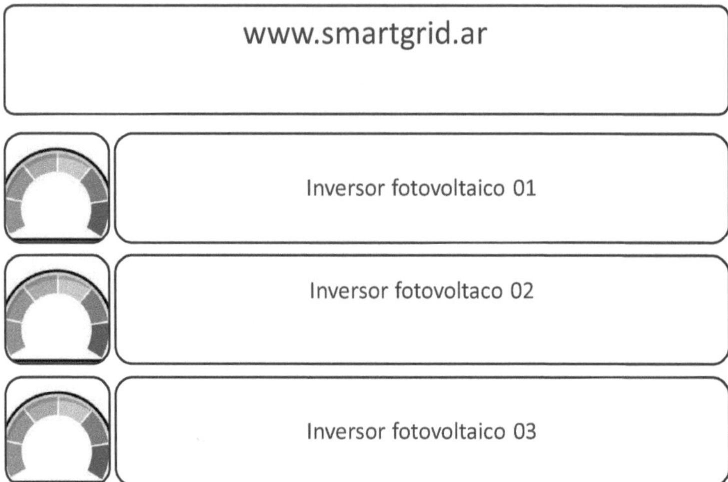

Figura 10: Esquema de solución

El objetivo principal de esta plataforma es la de aunar la información, incluso proveniente de inversores de distintas marcas.

La plataforma IoT elegida fue desarrollada sobre Amazon Web Service (AWS) y linkeada por DNS al sitio http://www.smartgrid.ar , la misma cuenta con una interfaz gráfica que ofrece información a ualquier persona que acceda a este link, podrá observar las características de generación del ecosistema de generación distribuida integrado en el mismo.

CAPITULO 05: MATERIALES Y MÉTODOS

PRIMER COMPONENTE DEL SISTEMA: HARDWARE GTW INV FV

Para poder integrar los datos se desarrolló un modelo de hardware basado en el microcontrolador Atmega328p, al mismo se le proporcionó la posibilidad de conectividad hacia dos nodos con prestaciones diferentes, por un lado, conectividad de tipo ethernet a través del chip W5100 de WizNet, y por otra conectividad LoRa a través del chip RFM95 de Semtech.

Este modelo de dispositivo hardware fue duplicado, uno de ellos conectado al inversor a través del puerto Ethernet el cual a través del protocolo Modbus solicita datos alojados en las memorias del equipo.

El otro modelo duplicado de este hardware se conectó a una boca de internet, este, publica los datos medidos por el inversor, a través del protocolo MQTT.

Los datos que mide el hardware conectado al inversor, son reportados al hardware conectado a una boca de internet a través de LoRa, con lo que queda establecido un punto a punto que en el caso de ser necesario mayor cantidad de reportes a través de otros dispositivos recolectores de datos conectados a inversores.

Detalles respecto al esquemático y a los materiales pueden observarse en el Anexo A.

El hardware concebido puede observarse en la figura 11 y 12, cabe destacar que no existen diferencias físicas visibles entre el hardware que se conecta al Inversor que el que se conecta a internet.

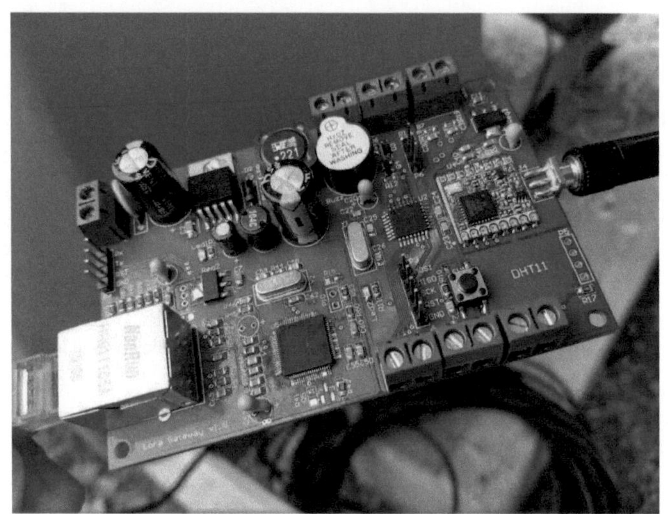

Figura 11: Equipo terminado

Figura 12: Equipo conectado a inversor SMA

Al mismo se le desarrolló un gabinete en impresión 3D para protegerlo de contacto o eventual manipulación incorrecta que lo dañe eléctricamente, la misma puede observarse en la figura 13

Una vez desarrollado fue necesario realizar las primeras pruebas de conectividad hacia el inversor fotovoltaico, pero para descontar posibles errores que podrían ser adjudicados al desarrollo en una primera instancia se utilizaron softwares simuladores y una notebook para realizar las primeras pruebas de conexión.

PRUEBA DE CONECTIVDAD HACIA EL INVERSOR A TRAVÉS DE UN EMULADOR DE PC

CONEXIÓN AL INVERSOR SMA SUNNY SB15

Para iniciar se debe verificar la accesibilidad al puerto Modbus del inversor SMA, con el cual haremos la integración de datos.

Para verificar el correcto funcionamiento del mismo utilizamos un emulador para conectar al inversor SB15-25-1VL-40-BE.

Para ello, antes es necesario ajustar ciertos parámetros del inversor, esto es, su IP, ID etc, e puede a la vez conectar a la red inalámbrica del inversor usando la siguiente SSID y contraseña:

SSID: SMA1930024359

Contraseña: 6N3TEDULCX9ZMKMC

Una vez dentro se accede a Parámetros del equipo

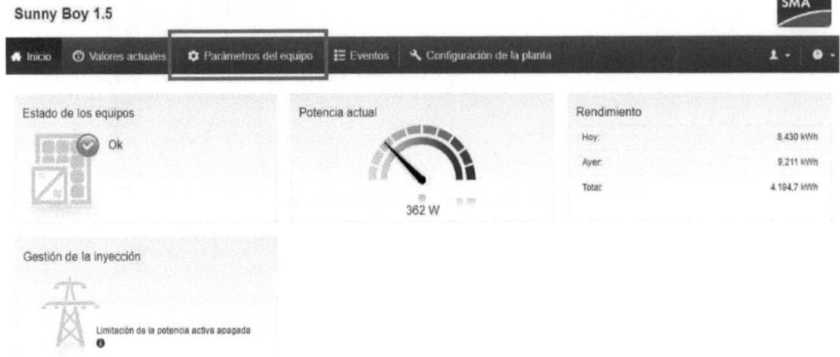

Figura 14: Acceso a configuración del equipo.

Luego de verificar las características del equipo (IP, ID, Gateway, etc.) se procede a ejecutar el programa Radzio, este es un simulador gratuito que se puede descargar desde su sitio en internet http://en.radzio.dxp.pl/modbus-master-simulator/, el mismo simula una interfaz master MODBUS, y a través de la misma emulamos al hardware conectado al inversor.

Para comenzar se debe abrir el menú "Connection" y allí se selecciona el ítem "Settings", y se abre una ventana de configuración. A continuación, se muestra el aspecto de esta ventana.

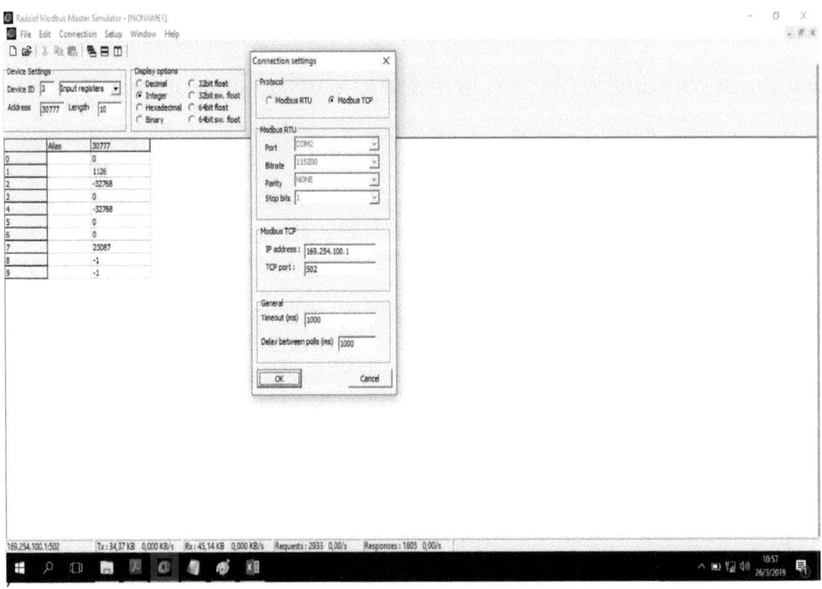

Figura 15: Consulta 30777

En la casilla "TCP Port" se coloca "502" y en "IP Address" se coloca la dirección que leemos en la página de configuración del router, a la cual accedemos por la red local inalámbrica mediante la IP: 192.168.100.1

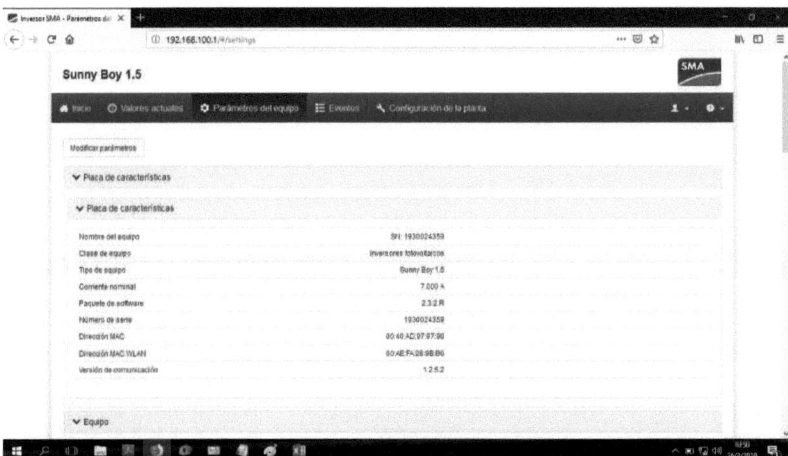

Figura 16: Parámetros SMA

Allí se busca la IP ethernet y se coloca en "IP Address" (para este caso resulto 169.254.100.1). Inmediatamente el software se debe conectar.

PRUEBA DE LECTURA DE REGISTROS

En el programa Radzio, yendo a "File->New" se abre una pestaña donde es posible pedir una dirección específica del registro MODBUS y ver los datos en línea.

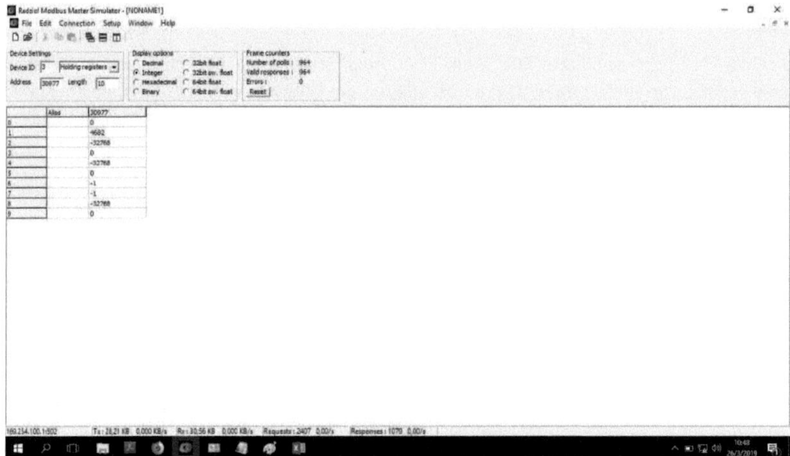

Figura 17: Consulta 30977

Empleando una tabla con las direcciones específicas, es posible verificar los valores de las diferentes variables.

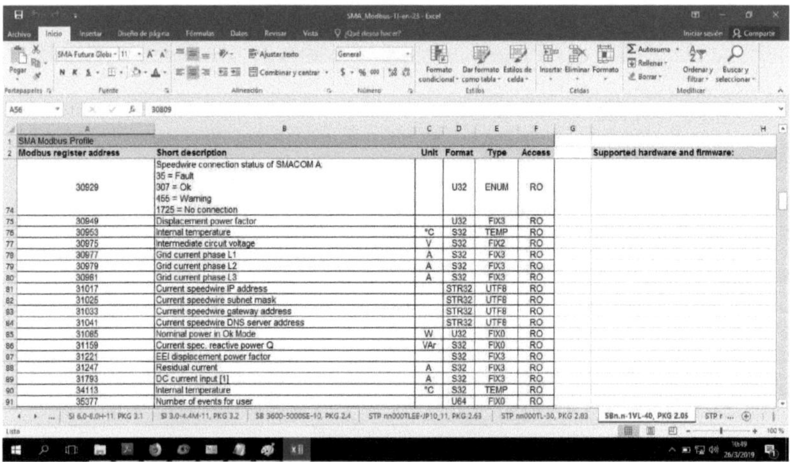

Figura 18: Excel con detalle de posiciones y magnitudes.

Luego de estas pruebas iniciales se pudo verificar entonces la accesibilidad al puerto Modbus del inversor SMA, del cual integraremos datos a nuestra plataforma.

Ahora es posible parar a monitorear al inversor por medio de Modbus TCP.

LIBRERIAS DE MANEJO DE MODBUS

Para poder acceder a Modbus a través del microcontrolador (uC), fue necesario incorporar en el mismo las librerías para manejo básico de este protocolo, dichas librerías pueden descargarse libremente desde internet en la URL http://myarduinoprojects.com/modbus.html , y pueden observarse en el ANEXO B.

Además de dichas librerías, fue necesario contar con un registro de estandarización de posiciones para poder acceder a las mismas de manera más eficiente ocupando menos tiempo.

Los datos que corresponden a cada dirección donde se alojan los datos de medición del inversor SMA, se ofrecen a través de su hoja de datos, fue necesario en ese caso contemplar dichas posiciones redactándose "RegModbusSB15.h". que es la librería que las contiene.

```
#ifndef REGMODBUSSB15_H
#define REGMODBUSSB15_H

#define DIR_INI 30769
#define DIR_WRITE 40003
#define CORR_DC_IN (DIR_INI)
#define TENSION_DC_IN (DIR_INI+2)
#define POTENCIA_DC_IN (DIR_INI+4)
#define POTENCIA (DIR_INI+6)
#define POTENCIA_L1 (DIR_INI+8)
#define POTENCIA_L2 (DIR_INI+10)
#define POTENCIA_L3 (DIR_INI+12)
#define TENSION_L1 (DIR_INI+14)
#define TENSION_L2 (DIR_INI+16)
#define TENSION_L3 (DIR_INI+18)
#define TENSION_L1_L2 (DIR_INI+20)
#define TENSION_L2_L3 (DIR_INI+22)
#define TENSION_L3_L1 (DIR_INI+24)
#define CORRIENTE_RED (DIR_INI+26)
#define FRECUENCIA_RED (DIR_INI+34)
#define POTENCIA_REACT_TOT (DIR_INI+36)
#define POTENCIA_REACT_L1 (DIR_INI+38)
#define POTENCIA_REACT_L2 (DIR_INI+40)
#define POTENCIA_REACT_L3 (DIR_INI+42)
#define POTENCIA_ACTIVA_TOT (DIR_INI+44)
#define POTENCIA_ACTIVA_L1 (DIR_INI+46)
#define POTENCIA_ACTIVA_L2 (DIR_INI+48)
#define POTENCIA_ACTIVA_L3 (DIR_INI+50)
#define COSENO_PHI (DIR_INI+56)
#define CORRIENTE_L1 (DIR_INI+108)
#define CORRIENTE_L2 (DIR_INI+110)
```

```c
#define CORRIENTE_L3 (DIR_INI+112)

typedef struct
{
  uint8_t func_codigo;
  uint16_t dir[12];
  uint16_t data[12];
  uint16_t direccion;
} Lectura;
typedef struct
{
  char Etiqueta[6];
  uint16_t dato;
} Comando;

typedef struct
{
  uint8_t contador;
  Comando data_env[10];
}Operacion;


#endif
```

FIRMWARE GTW INV FV

El programa principal consiste de una rutina de configuración de las comunicaciones tanto de Ethernet como para el RF95 (LoRa) y del objeto Modbus, así como de un timer para la gestión sincronizada de las comunicaciones.

En el lazo principal se realiza actualización del timer, así como la selección del dispositivo de comunicaciones mediante dos líneas de CS de cada periférico.

Primero se selecciona el W5100, se lee la cola de datos de ethernet (de haber datos) y se imprime el último dato en la línea serie además de guardarse en un registro.

Finalmente, una vez finalizada la transacción, se inhabilita el W5100 y se procede a habilitar el RF95 (Chip de LORA) para poder leer en caso de que haya una cola de datos guardados y esté habilitada la lectura, además, se procede a enviar los datos mediante la rutina "send".

El firmware puede observarse en el ANEXO C

AMAZON WEB SERVICE
CREACION DE CUENTA

Existen numerosas plataformas en internet que ofrecen el servicio de visualización de datos (frontend), y almacenamiento y manipulación de datos sin visualización (backend), que entregan sus URL y puertos y usuarios para que cada desarrollador pueda publicar los mismos.

Para tal fin basta colocar las direcciones URL de sus brokers, hacer uso de los usuarios y contraseñas seteados y verificar dichas publicaciones a través de websockets, estos servicios denominados backend tienen mayor o menor dificultad de ser visualizados a modo desarrollador, esto es sin mayor diseño.

El principal problema de este tipo de aplicaciones es que no ofrecen en muchos casos, el servicio frontend, que se acomode a las necesidades de los usuarios y desarrolladores.

Existen algunos que no ofrecen servicios frontend, por lo que deberíamos integrar, otro servicio si deseáramos realizar una visualización en la misma plataforma.

Las plataformas que, si ofrecen este tipo de servicios por lo general, arrancan desde unos pocos dólares (5US$) pero luego van migrando su costo hasta llegar a (US$50), una vez se tenga todos los datos almacenados en dicho servicio es difícil poder migrar de plataforma sin perder datos.

Por ello es importante al momento de plantear una solución web que incluya backend y frontend, conocer el mercado adoptando la opción que permita mantener la elección con posibilidad de escalar la mínima con mínimos requerimientos y probabilidad de pérdida de datos por parte del desarrollador y el usuario.

Realizar esto implicaría tener un servidor, es decir una computadora con la potencia de cálculo suficiente, para recibir solicitudes por HTTP SSH TCP/IP MQTT, entre otros protocolos de internet para poder interactuar con usuarios y equipos, administrar dichos datos y mostrarlos a través de plataformas adecuadas de visualización.

Existen servicios en internet que ofrecen servidores donde se pueden instalar máquinas virtuales para tal fin, un caso de estos es el que ofrece Amazon Web Services, que fue el elegido para desarrollar esta Tesis.

Lo primero que debemos hacer para acceder a dicha plataforma es crearnos una cuenta, accediendo a https://aws.amazon.com/

Allí nos pedirán ingresar un usuario y contraseña.

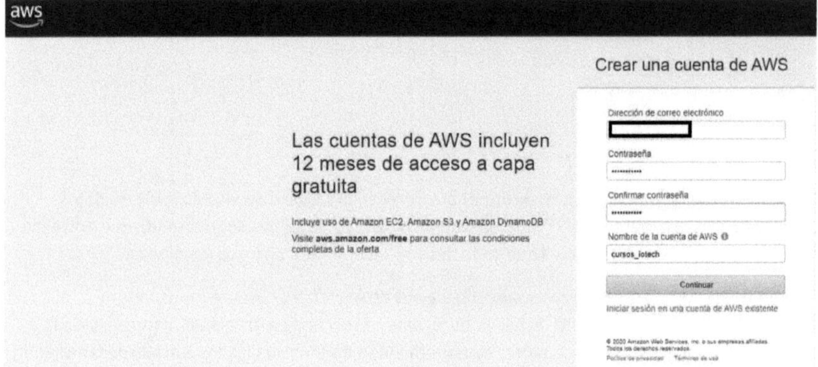

Figura 19: Inicio en AWS.

Una vez validados estos datos e ingresados, no pedirán ingresar datos de una tarjeta de créditos, Amazon Web Service (AWS), ofrece ciertos servicios de manera gratuita durante 12 meses corridos desde el alta de la cuenta, las máquinas virtuales son uno de esos servicios.

Luego de este período, pasa a cobrarse según su uso.

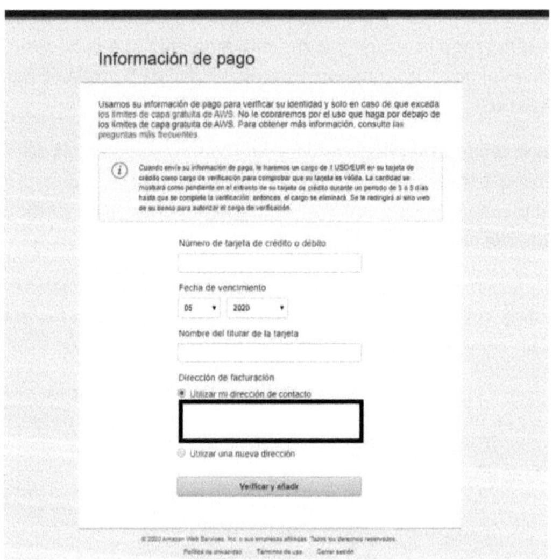

Figura 20: Información de oago en AWS.

Una vez ingresado los datos de la tarjeta de crédito solicitan otro dato de contacto más, el celular, al cual luego de ingresarlo te envían un SMS o un llamado telefónico donde te indican el código de activación.

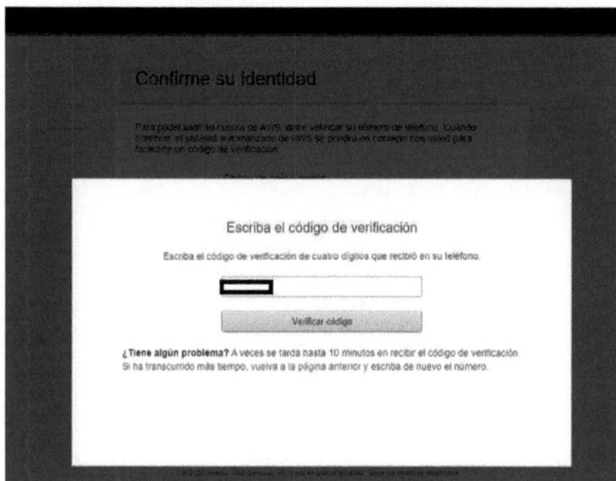

Figura 21: Ingreso de código de verificación.

Luego de unos instantes y si todo fue correctamente ingresado, se activa la cuenta.

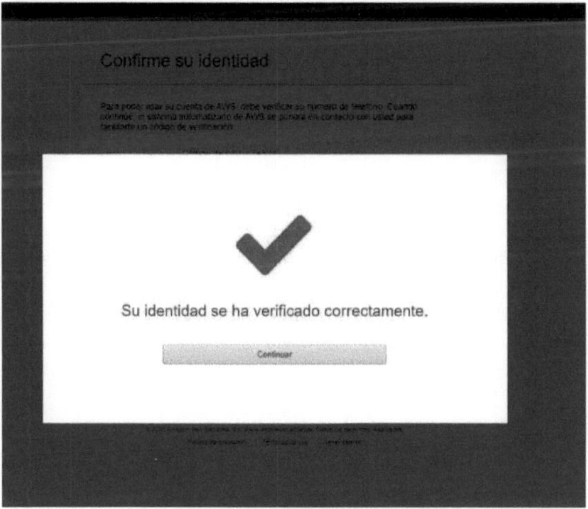

Figura 22: Cuenta verificada correctamente.

Posteriormente se debe ingresar el tipo de plan, en este caso elegimos PLAN BASIC, el cual es gratis por 12 meses.

Figura 23: Tipos de planes AWS.

Finalmente tenemos la cuenta active, y recibimos una bienvenida por parte de AWS, la cual puede observarse en la siguiente imagen, y además un mensaje a la casilla de email, con la cual registramos la cuenta donde nos indican dónde podemos acceder para la utilización de los servicios.

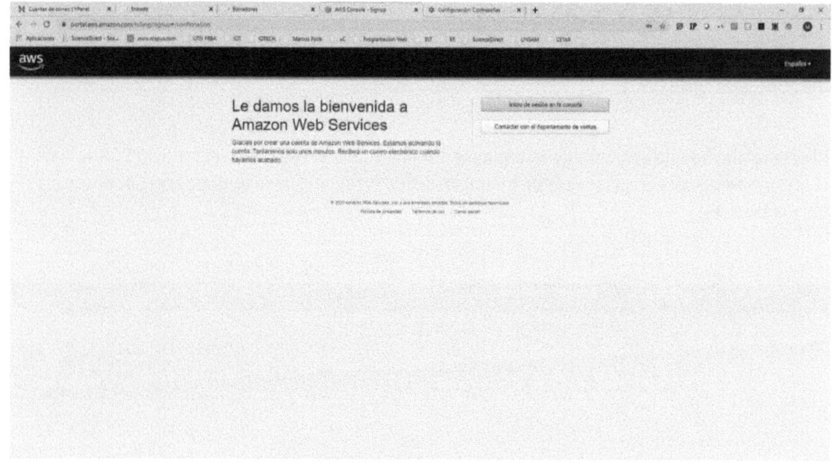

Figura 24: Portal de acceso y bienvenida AWS.

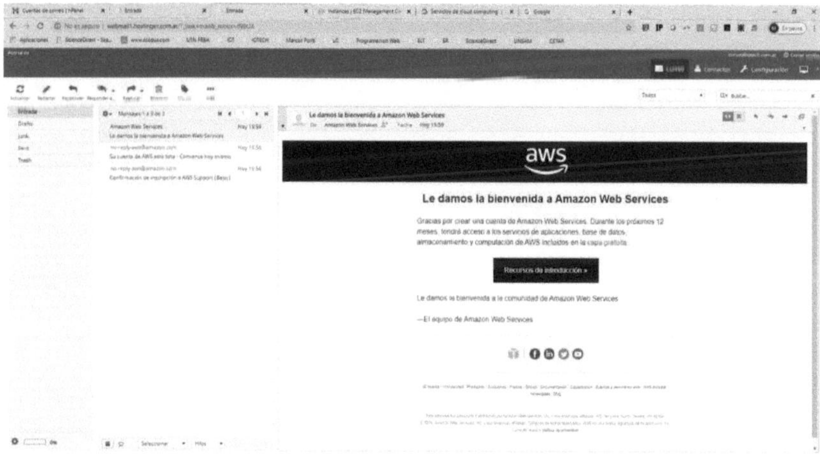

Figura 25: email con acceso a recursos.

Los primeros recursos pueden ser analizados desde el siguiente link,

https://aws.amazon.com/es/getting-started/?sc_channel=em&sc_campaign=wlcm&sc_publisher=aws&sc_medium=em_wlcm_1&sc_detail=wlcm_1d&sc_content=other&sc_country=global&sc_geo=global&sc_category=mult&ref_=pe_1679150_261538020

DESPLIEGE DE MAQUINA VIRTUAL

AMAZON WEB SERVICE

VIRTUAL MACHINE (VM)

Para la realización de este trabajo se implementó una solución basada en el servicio EC2 de AWS el cual permite desplegar un servicio de máquina virtual (VM), al mismo se debe acceder desde Buscar Servicios.

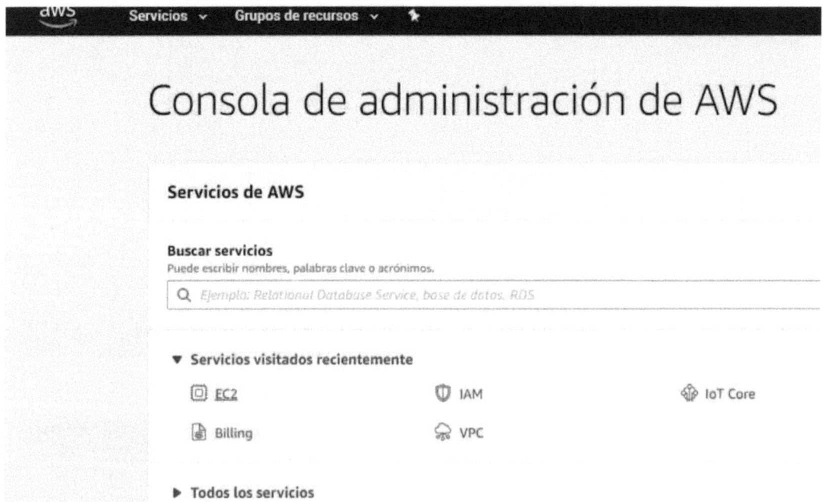

Figura 26: Consola de administración AWS.

Una vez allí dentro observaremos una pantalla como la que sigue.

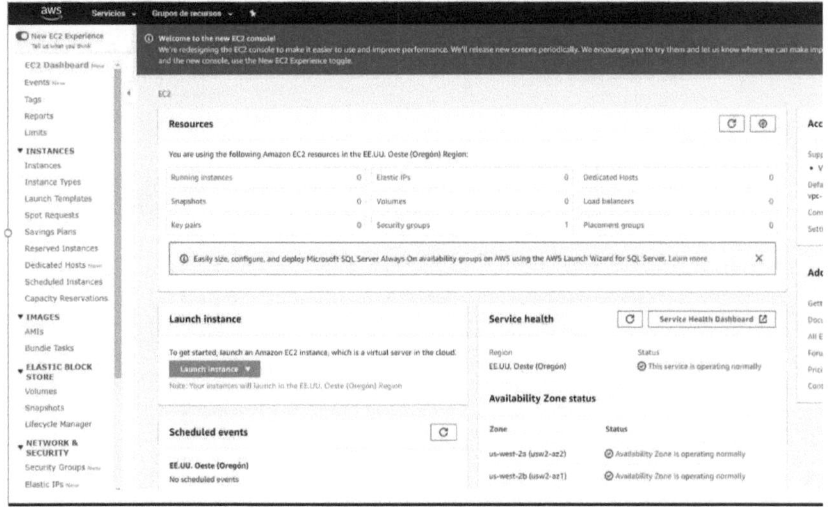

Figura 27:EC2 Dashboard AWS.

Del lado izquierdo del menú, podemos acceder al listado de instancias, a los grupos de permisos para poder restringir los mismos dentro de nuestra instancia.

La asociación de IPs fijos para nuestra instancia para que la misma pueda ser accedida siempre al mismo IP, ya sea a través del navegador o bien a clientes SSH.

Haciendo click sobre **Launch Instance**, accedemos a la configuración de nuestra VM.

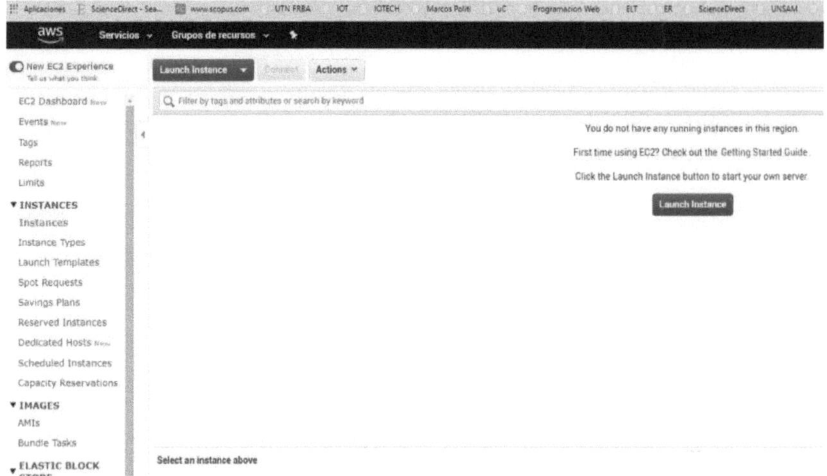

Figura 28: Opción Launch Instance.

Una vez allí dentro, AWS nos ofrece una pantalla con un listado de CPUs ofrecidas tanto de manera gratuita como pagando, cabe destacar que el servicio gratuito de AWS sólo comprende algunos servicios, por lo que si no queremos incurrir en gastos en esta primera etapa debemos asegurarnos de elegir las que son **Free Tier Only**, de otro modo, se cobrará por su uso.

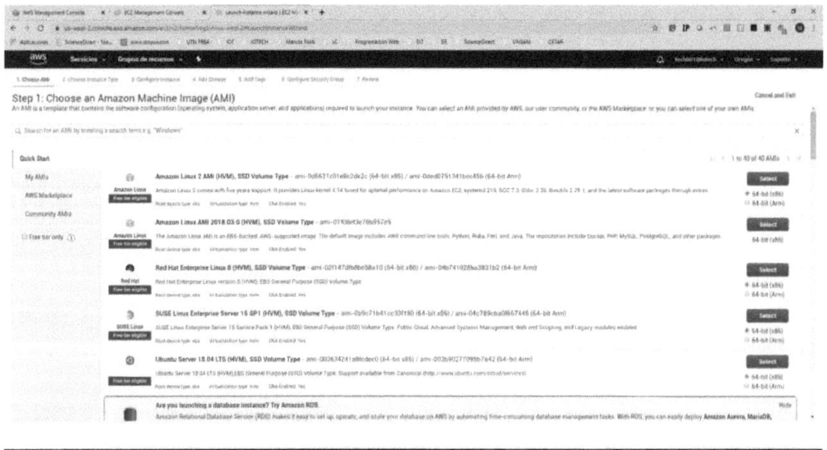

Figura 29:Sistemas operativos ofrecidos por AWS.

Para esta etapa, usaremos una instancia que tenga Ubuntu Server 18.04 LTS, al elegirla se nos otorga la posibilidad de desplegar la VM de manera estándar, o bien configurar parámetros internos de la misma, elegiremos este caso, accediendo a **Next: Configure Instance details**, una vez elegido el microprocesador para nuestra instancia **t2.micro**, que es 1 CPU con 1 GB de memoria RAM.

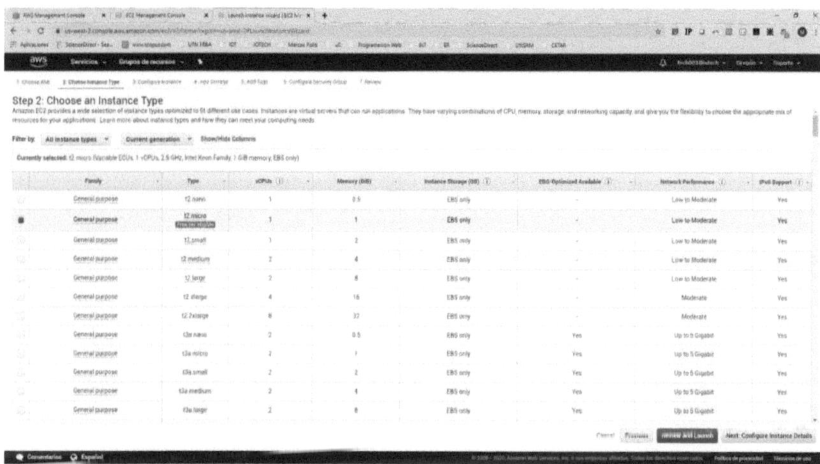

Figura 30: Selección de microprocesador en AWS.

En los pasos siguientes nos consulta sobre números de instancias y distintos parámetros que, si aún no hemos realizado otro conjunto de VM, debemos dejar como está por default, accedemos a **Next: Add Storage**

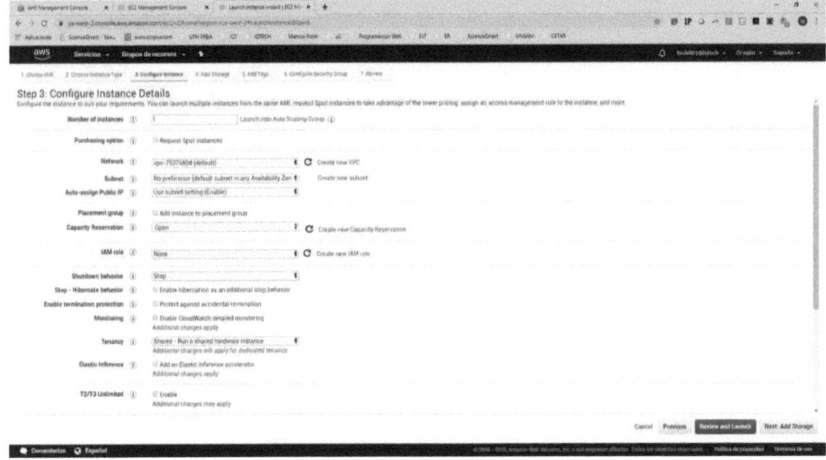

Figura 31: Configuración de detalles de instancia.

Una vez en esta pantalla procedemos a configurar la cantidad de memoria que deseamos en nuestro disco duro, en este caso colocamos 10 GB en un disco duro de estado sólido.

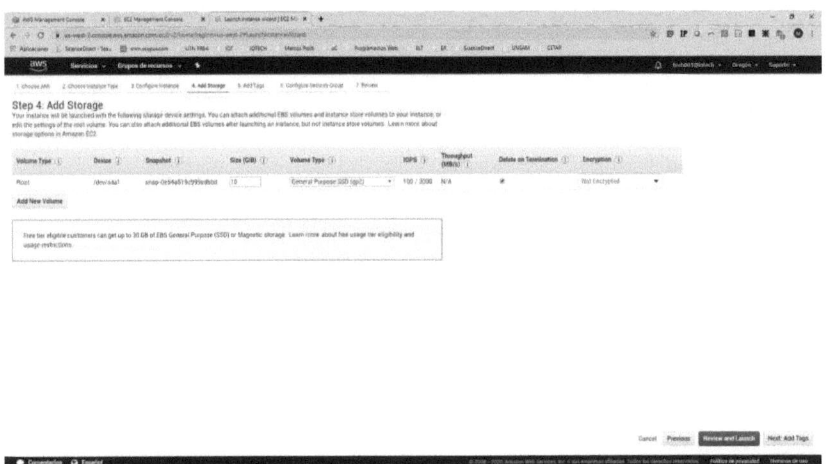

Figura 32: Selección de memoria de disco rígido.

Presionamos sobre **Next: Add Tags**, y en el caso que deseemos agregarle un Tag modificamos, sino pasamos a **Next: Configure Security Group**, que es una de las configuraciones más importantes para definir la VM.

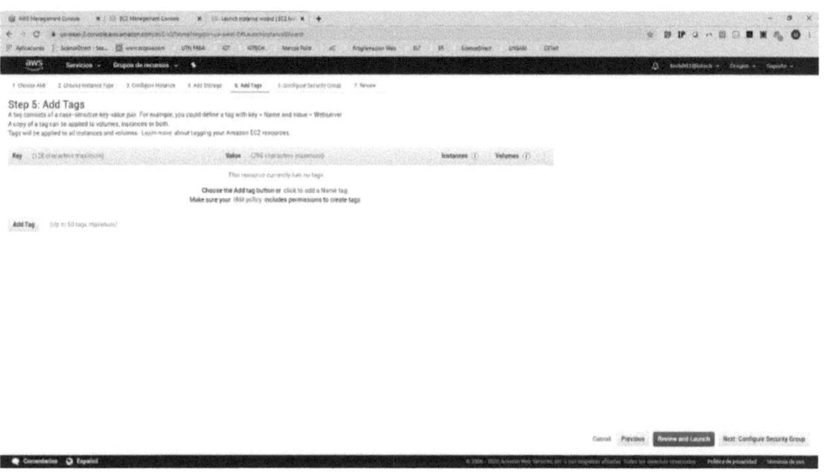

Figura 33: Incorporación de etiquetas a la instancia.

En esta pantalla se configura los puertos de acceso de AWS, es importante conocer que estos puertos deben estar habilitados si deseamos realizar actividades de conexión a través de los mismos, y a su vez, es que estos puertos habilitados corresponden al servidor de AWS, debemos duplicar estos permisos en nuestra instancia que será comentado en páginas más adelante.

El puerto y tipo de comunicación que ya viene habilitado es el SSH este será asignado al puerto 22, y permite conexiones desde cualquier IP, es por ellos que **Source** está configurado en **0.0.0.0/0**, si deseáramos mayor seguridad, sólo podríamos configurarle un IP, que es de donde deseamos configurar nuestra VM.

En este caso vamos a dejarlo por default, para acceso desde cualquier IP del mundo.

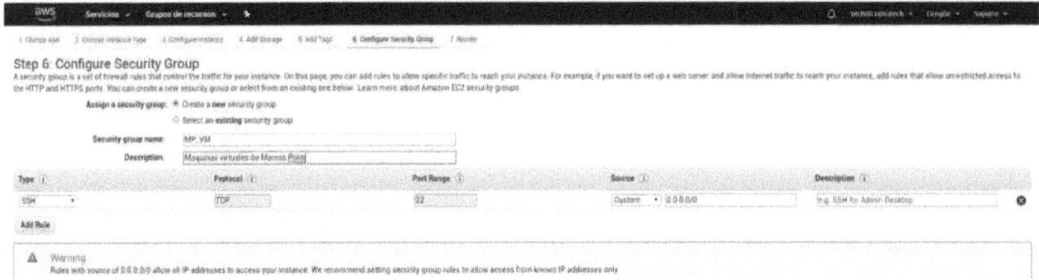

Figura 34: Incorporación de etiquetas a nuestra instancia.

Incorporación de etiquetas a nuestra instancia.

Luego, procedemos a agregar reglas de conexión a través de ADD RULE, aquí procedemos a habilitar los puertos y protocolos que nos ayudarán a ofrecer servicios a través de nuestra instancia.

Habilitamos los puertos HTTPS 443, HTTP 80, MQTT 8080 8083, FTP 21, para poder acceder a nuestro servicio instalando un servidor Apache y de esta manera ofrecer el servicio de frontend deseado.

Habilitamos también el 1880, que será utilizado para poder acceder a nuestro servicio NodeRed que es una plataforma desarrolladora aplicaciones a través de programación que combina lo visual por medio de flujos.

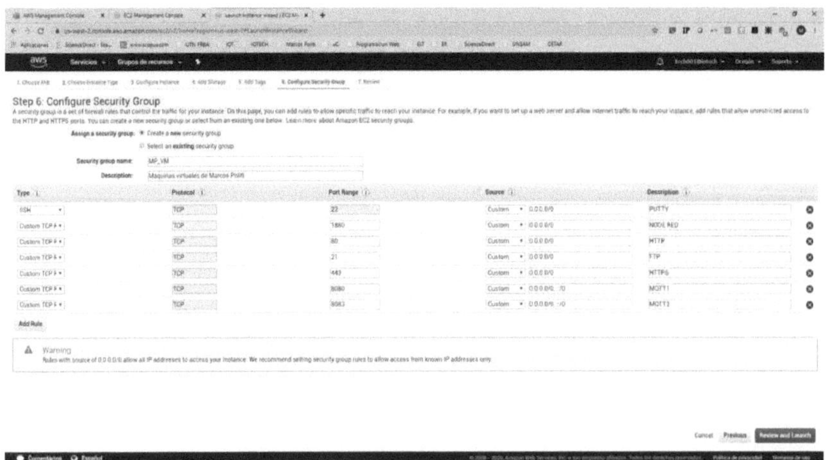

Figura 35: Vista final de la configuración de reglas de seguridad de grupos.

Una vez realizado todos nuestros cambios procedemos a **REVIEW and LAUNCH.**

Allí revisamos la configuración y procedemos a lanzar nuestra VM, por medio de **LAUNCH**

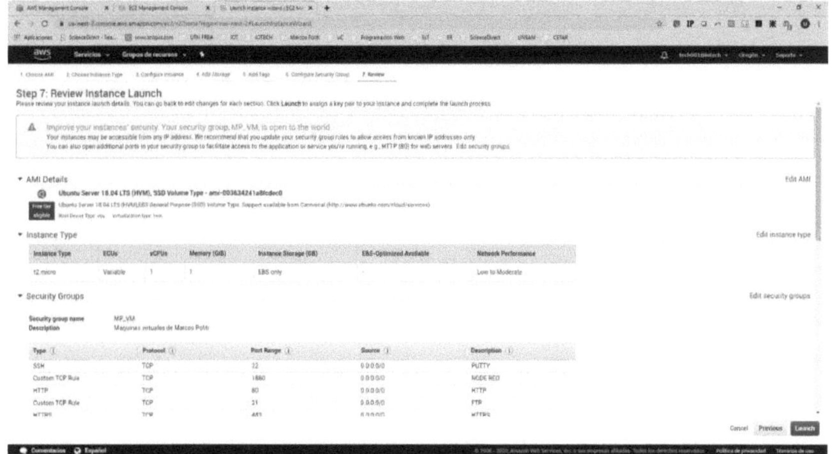

Figura 36: Resumen de instancia seleccionada, AMI Details.

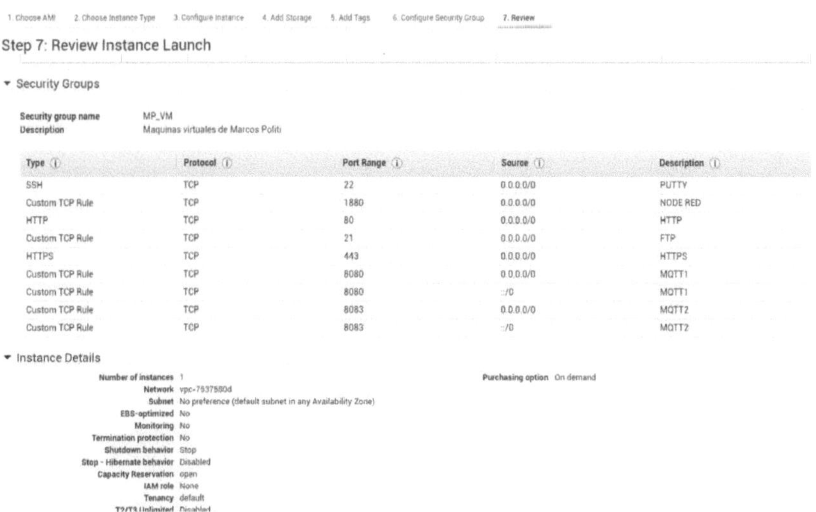

Figura 37:Resumen de instancia seleccionada, Seguridad en grupos.

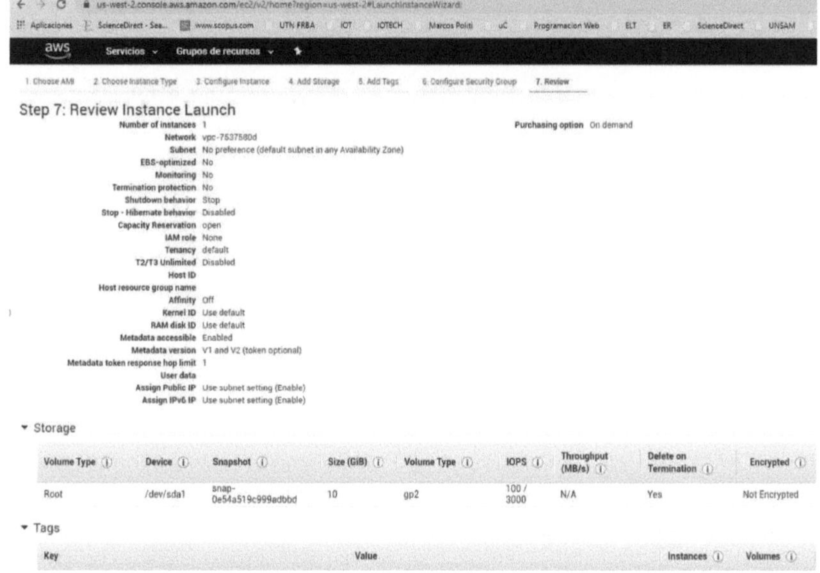

Figura 38: Resumen de instancia seleccionada, General

Al lanzar nuestra instancia, se habilita una ventana que nos indica que no existe seguridad para la misma, y dado que accedimos a ofrecer nuestra instancia a cualquier IP, es importante poder establecer un canal único de comunicación.

AWS nos ofrece establecer una clave privada y una pública que vincularán de manera bi-unívoca nuestra instancia de AWS y nuestra aplicación.

Si no tenemos clave creadas, las cuales se pueden generar a través de software libres como Putty Gen, debemos realizarlas a través de AWS.

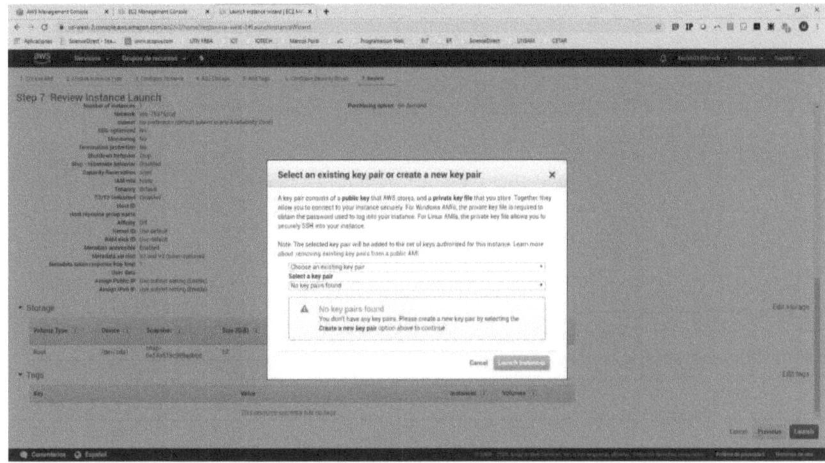

Figura 39: Selección de pares de claves.

Para ello optamos por crear un nuevo key pair.

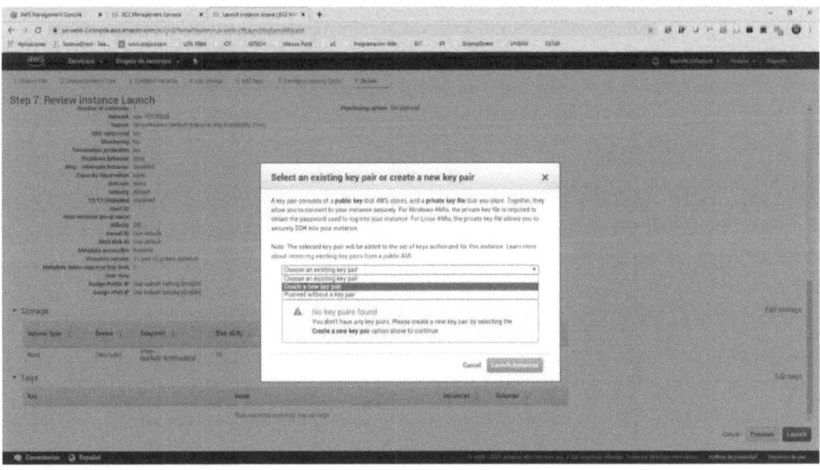

Figura 40: Selección de crear una nueva clave pública.

Colocamos un nombre deseado, y la descargamos.

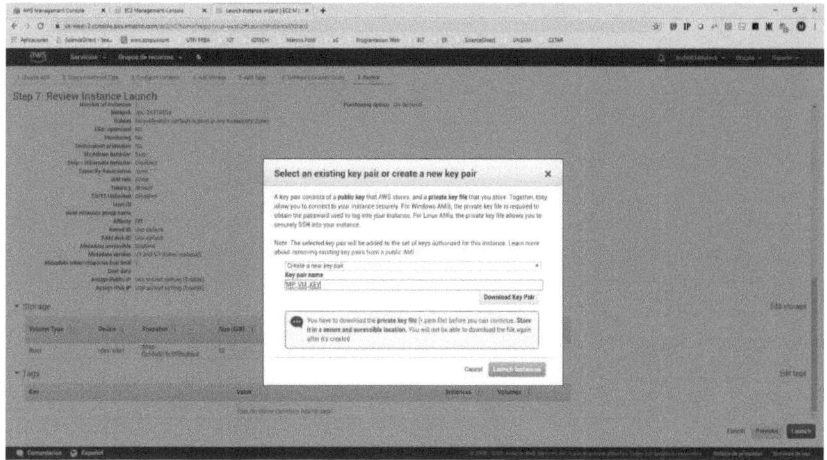

Figura 41: Descarga de clave pública.

El archivo que utilizaremos será a partir de ahora MP_VM_KEY.pem , hay que tener cuidado de conservar esta clave dado que es la que nos permite acceder a esta instancia.

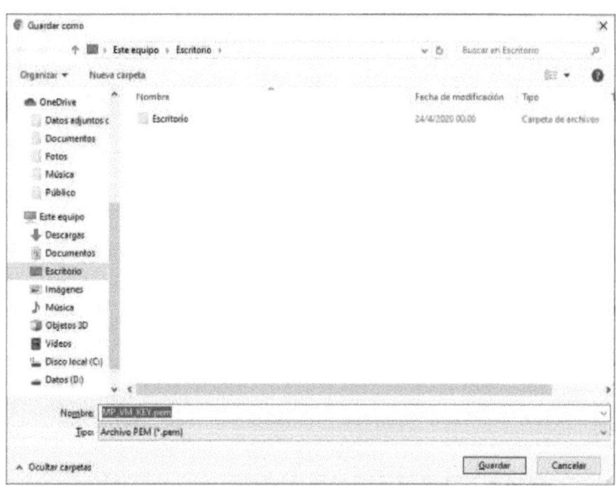

Figura 42:Clave pública en PC.

INSTANCIAS

Una vez creada nuestra instancia debemos pasar a configurarle algunos parámetros más, para ello debemos acceder a Instances en el tablero izquierdo de nuestra pantalla.

Allí veremos que la instancia está procesando su configuración y está lista para ser disparada.

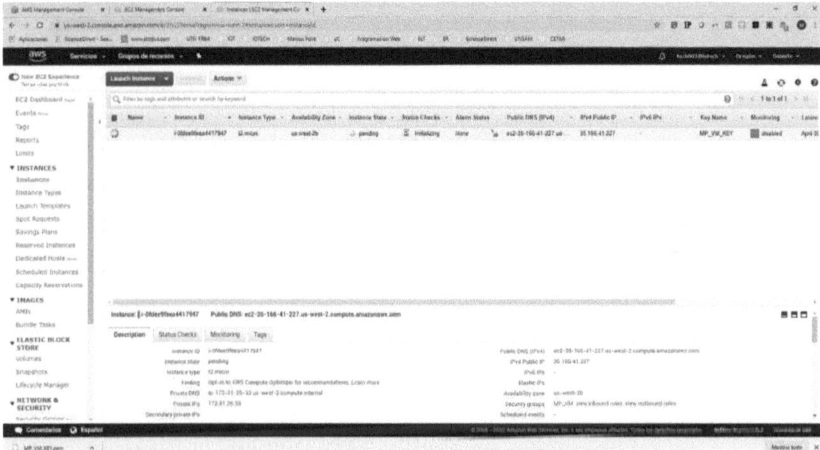

Figura 43: Visualización de Instancias en cuenta propia.

Luego de unos instantes la instancia ya está corriendo montada en servidores de AWS, y lista para ser configurada

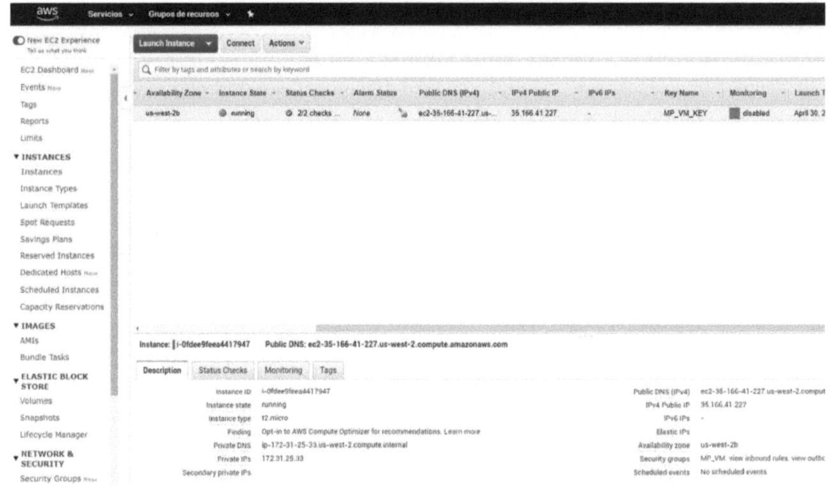

Figura 44:Instancia lista para para ser accedida.

Accediendo a **Key Pairs** se puede observar cuales son las claves que tenemos en nuestra instancia.

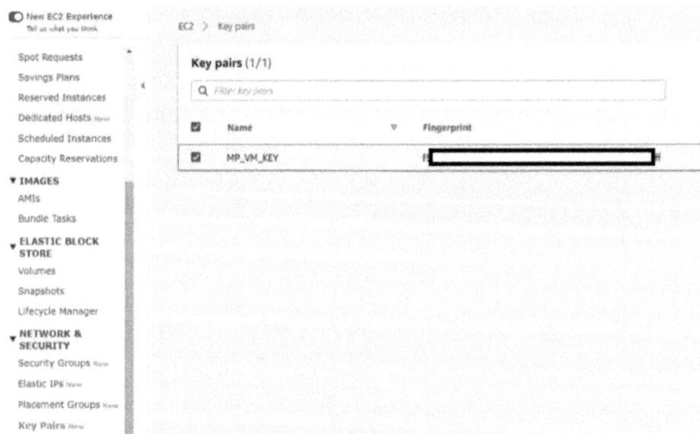

Figura 45: Detalle de clave usadas en cuenta propia de AWS.

Para proceder a las configuraciones posteriores, que van a darle vida a los servicios verdaderos que deseamos hacer correr en dicha máquina virtual debemos habilitar un cliente SSH, en este caso usaremos PuTTy, el mismo nos ofreceré al realizar la conexión a nuestra VM en AWS, de un entorno de consola a través de cual podemos instalar paquetes.

Para ello debemos generar en base a nuestra clave pública (*.pem), una clave privada (*.ppk) que será utilizada por este cliente. Para ellos vamos a PuTTY Key Generator, vamos a **Conversions**, **Import Key** y seleccionamos nuestra clave *.pem.

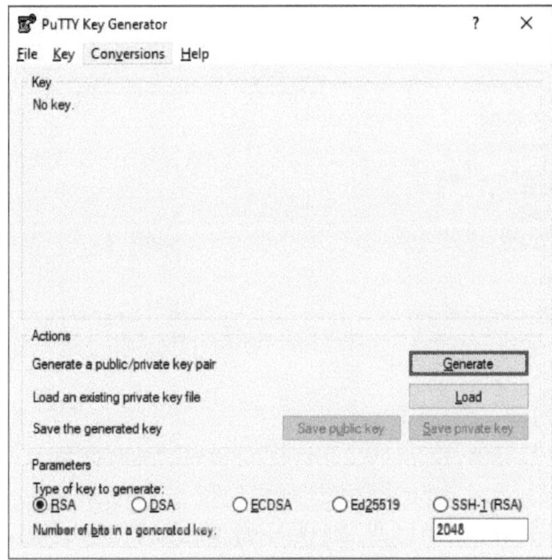

Figura 46: PuTTY Key Generator.

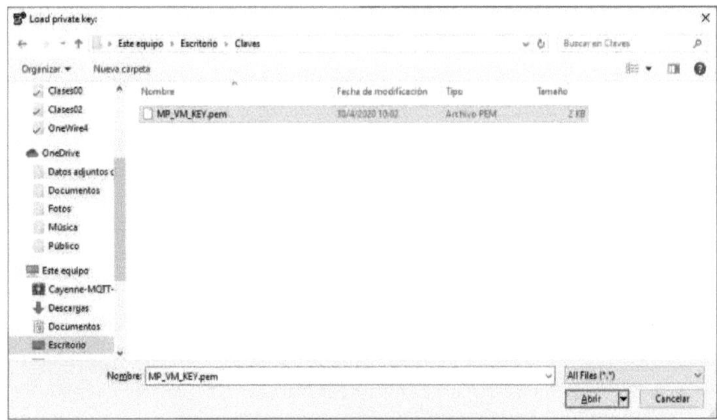

Figura 47: Selección de clave pública provista por AWS.

Figura 48:Guardado de clave privada (.ppk)*

Y presionamos sobre **SAVE PRIVATE KEY**, una vez realizado esto, y luego de unos segundos se genera nuestra clave *.ppk.

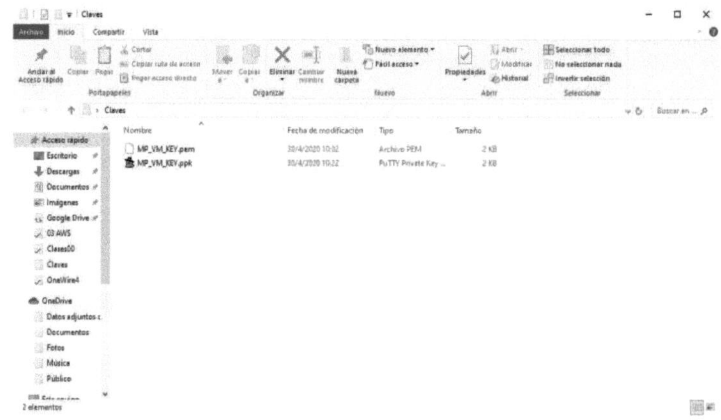

Figura 49:Clave privada (.ppk) en PC.*

Antes de proceder a la comunicación a través del cliente SSH, se procede a dejar fija la IP de nuestra instancia, para ello accedemos a **Elastic IP**, y hacemos click sobre **Allocate Elastic IP addres.**

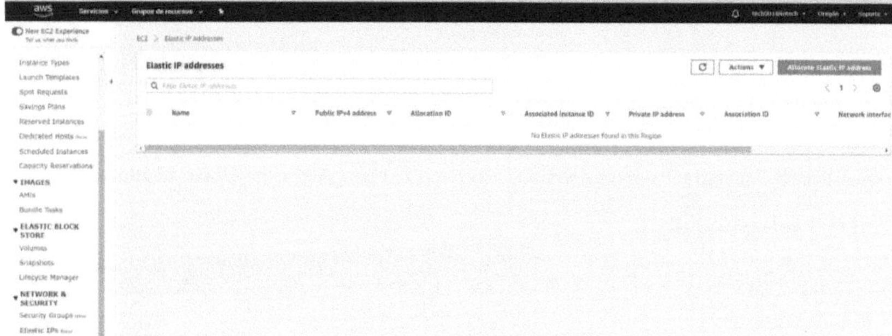

Figura 50: Elastic IPs AWS.

Una vez allí debemos seleccionar la instancia deseada, en este caso al ser la única es la primera que aparece y seleccionamos **Allocate**.

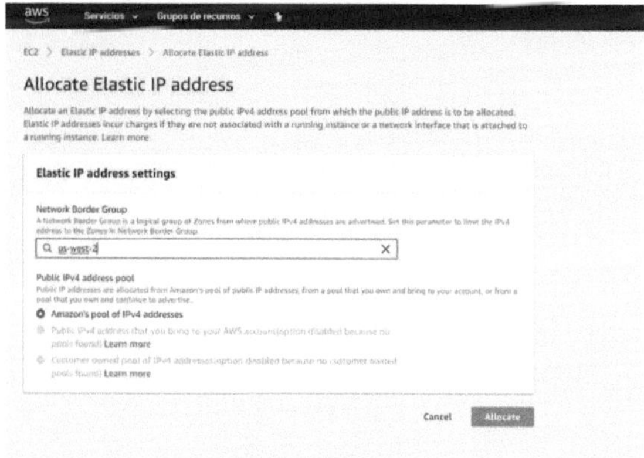

Figura 51: Allocate AWS.

Allí AWS, nos da un IP la cual asociaremos a nuestra instancia.

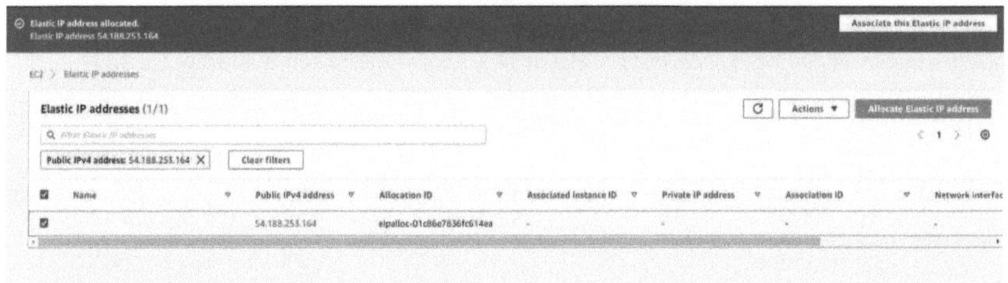

Figura 52: IP asignado por AWS a la espera de ser asignado.

Para asociarla a nuestra instancia debemos acceder a **Actions, Associate Elastic IP addresses**

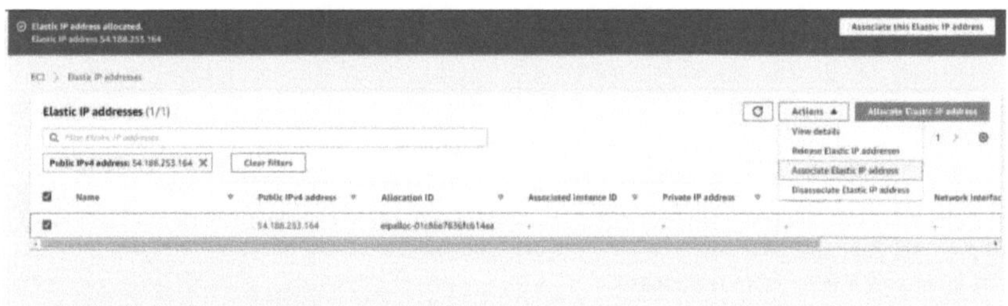

Figura 53:Asociación de IP con instancia AWS

Allí seleccionando la instancia correspondiente y colocando la IP Privada que nos da AWS, accedemos a su configuración.

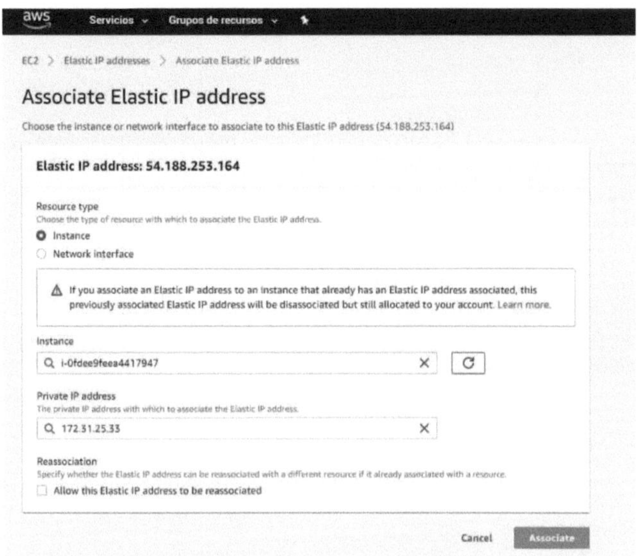

Figura 54: Asignacion de IP a través de Instancia y IP Privada AWS.

Quedando entonces una IP Pública fija en nuestra aplicación, se debe tener en cuenta que esta IP pública podría cambiar cuando apago la instancia y vuelvo a arrancarla.

Por lo que es posible, en el caso de apagar la instancia, que exista la necesidad de repetir alguno de estos pasos.

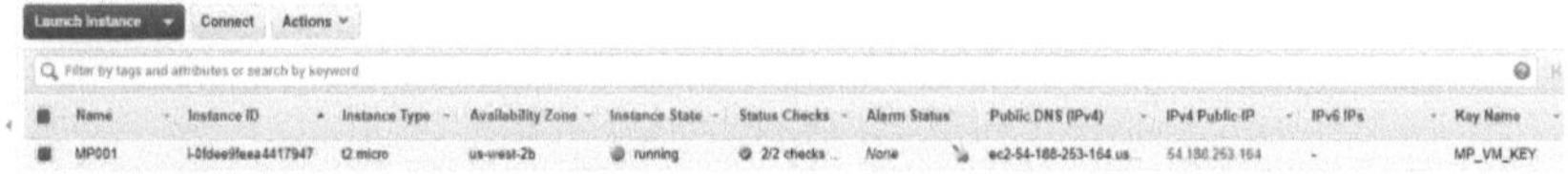

Figura 55: Visualización final, luego de asignación de IP fija.

Una vez terminado estos pasos podemos proceder a realizar la conexión a través de PuTTY para la configuración e instalación de paquetes para nuestra aplicación de monitoreo y control.

CONEXIÓN SSH

PuTTY

Habiendo establecido un IP que ya quedará fijo para nuestra instancia, realizamos nuevamente los pasos descritos anteriormente en SSH, Auth, ingresamos el path correspondiente a nuestra clave privada alojada en el archivo *.ppk, generado a través de nuestra clave pública *.pem, ofrecida por AWS al momento de realizar el despliegue de la instancia.

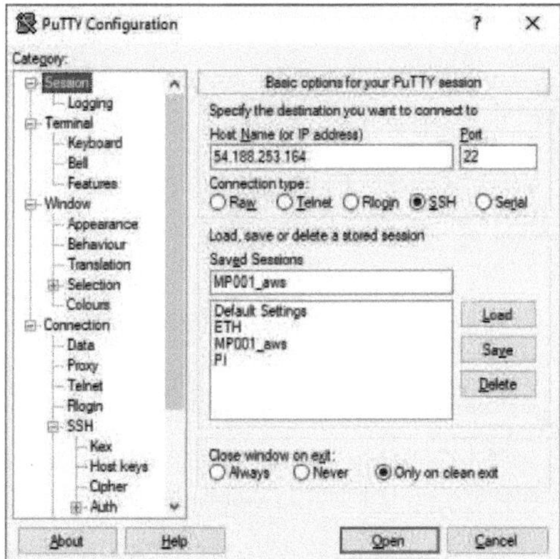

Figura 56:Configuración PuTTY , IP.

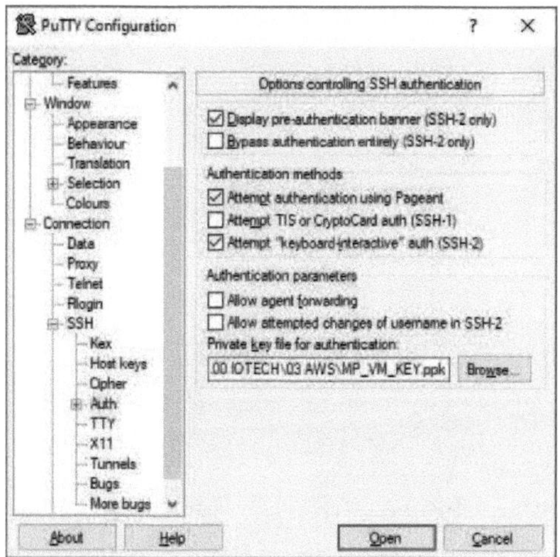

Figura 57: Configuración PuTTY , clave privada.

Una vez configurado lo anterior, vamos a la pantalla principal **Session** y presionamos **Open**, allí si todo fue correcto se habilitará una pantalla de comandos con una ventana emergente que nos indicará un aviso similar al siguiente.

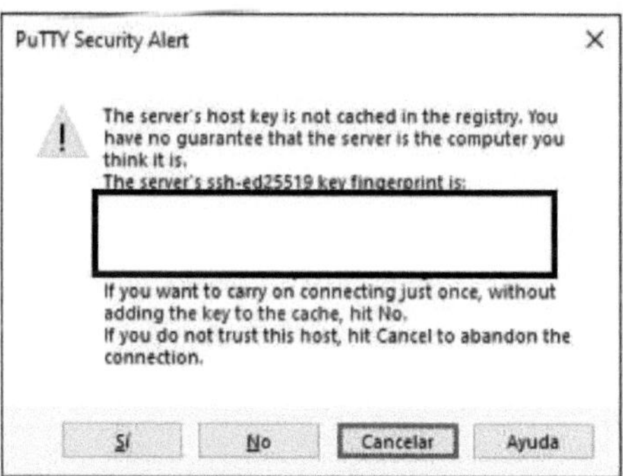

Figura 58: Pantalla emergente de conexión a AWS.

Una vez aceptado ingresamos con el usuario por defecto: **ubuntu**

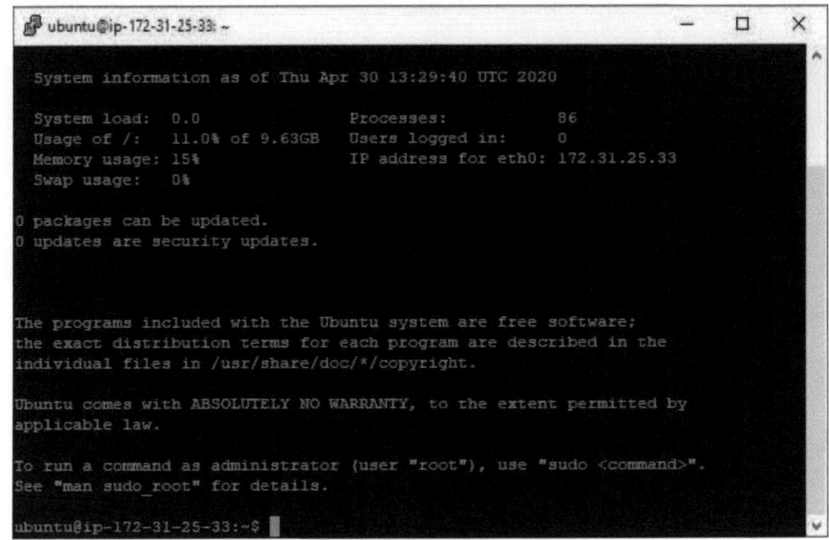

Figura 59: Instancia en AWS, lista para configurar.

Se procede a la actualización del listado de paquetes.

sudo apt-get update

Y posteriormente a la actualización de los mismos

sudo apt-get upgrade

```
root@ip-172-31-25-33: /home/ubuntu
Get:23 http://security.ubuntu.com/ubuntu bionic-security/restricted amd64 Packag
es [40.3 kB]
Get:24 http://security.ubuntu.com/ubuntu bionic-security/restricted Translation-
en [10.2 kB]
Get:25 http://security.ubuntu.com/ubuntu bionic-security/universe amd64 Packages
 [660 kB]
Get:26 http://security.ubuntu.com/ubuntu bionic-security/universe Translation-en
 [219 kB]
Get:27 http://security.ubuntu.com/ubuntu bionic-security/multiverse amd64 Packag
es [7392 B]
Get:28 http://security.ubuntu.com/ubuntu bionic-security/multiverse Translation-
en [2788 B]
Fetched 18.7 MB in 4s (4856 kB/s)
Reading package lists... Done
ubuntu@ip-172-31-25-33:~$ sudo si
sudo: si: command not found
ubuntu@ip-172-31-25-33:~$ sudo su
root@ip-172-31-25-33:/home/ubuntu# sudo apt-get update
Hit:1 http://us-west-2.ec2.archive.ubuntu.com/ubuntu bionic InRelease
Hit:2 http://us-west-2.ec2.archive.ubuntu.com/ubuntu bionic-updates InRelease
Hit:3 http://us-west-2.ec2.archive.ubuntu.com/ubuntu bionic-backports InRelease
Hit:4 http://security.ubuntu.com/ubuntu bionic-security InRelease
Reading package lists... Done
root@ip-172-31-25-33:/home/ubuntu# sudo apt-get upgrade
```

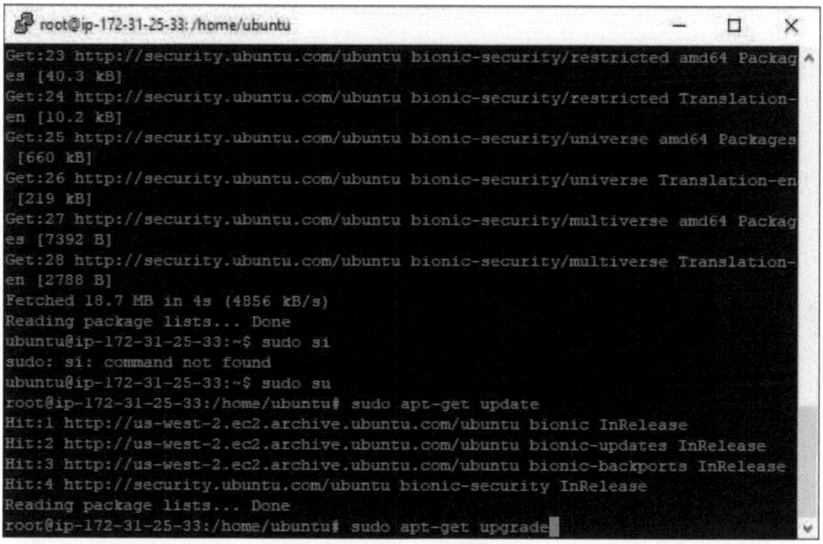

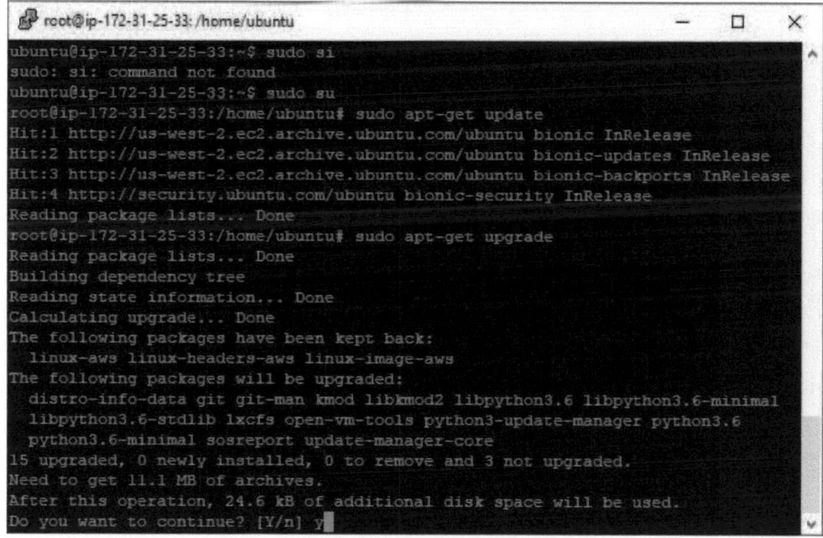

Figura 60: Upgrade de instancia

Aceptamos la instalación ingresando: **Y**

```
root@ip-172-31-25-33: /home/ubuntu
ubuntu@ip-172-31-25-33:~$ sudo si
sudo: si: command not found
ubuntu@ip-172-31-25-33:~$ sudo su
root@ip-172-31-25-33:/home/ubuntu# sudo apt-get update
Hit:1 http://us-west-2.ec2.archive.ubuntu.com/ubuntu bionic InRelease
Hit:2 http://us-west-2.ec2.archive.ubuntu.com/ubuntu bionic-updates InRelease
Hit:3 http://us-west-2.ec2.archive.ubuntu.com/ubuntu bionic-backports InRelease
Hit:4 http://security.ubuntu.com/ubuntu bionic-security InRelease
Reading package lists... Done
root@ip-172-31-25-33:/home/ubuntu# sudo apt-get upgrade
Reading package lists... Done
Building dependency tree
Reading state information... Done
Calculating upgrade... Done
The following packages have been kept back:
  linux-aws linux-headers-aws linux-image-aws
The following packages will be upgraded:
  distro-info-data git git-man kmod libkmod2 libpython3.6 libpython3.6-minimal
  libpython3.6-stdlib lxcfs open-vm-tools python3-update-manager python3.6
  python3.6-minimal sosreport update-manager-core
15 upgraded, 0 newly installed, 0 to remove and 3 not upgraded.
Need to get 11.1 MB of archives.
After this operation, 24.6 kB of additional disk space will be used.
Do you want to continue? [Y/n] y
```

Figura 61: Aceptación de instalación de paquetes.

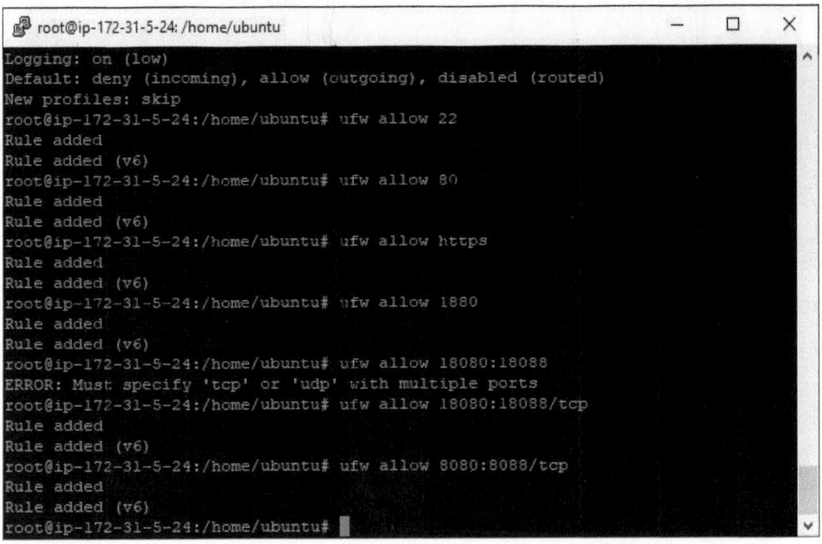

Figura 62: Verificación de puertos habilitados por el firewall de la instancia.

Una vez finalizado debo proceder a habilitar los puertos a través de los cuales voy a permitir la conectividad hacia y desde mi instancia.

Para poder saber que puertos están habilitados ingreso

ufw status

Allí se desplegará una lista como la que sigue, en primera instancia el único habilitado es la SSH 22, si bien en la configuración de seguridad de grupos en la configuración de la instancia había detallado muchos más puertos que el SSH, lo que configuré en ese entonces fue el firewall de AWS.

Se debe realizar lo mismo con mi instancia Ubuntu, por lo que voy a ir permitiendo a través de:

ufw allow 80

Para habilitar el puerto 80.

ufw allow puerto

Donde **puerto** se cambia por el número de puerto deseado.

Así se habilitará el, 8080, 8088, 1880, 443, 80 y el 18080.

Si se ingresa nuevamente:

ufw status

Se observará lo siguiente.

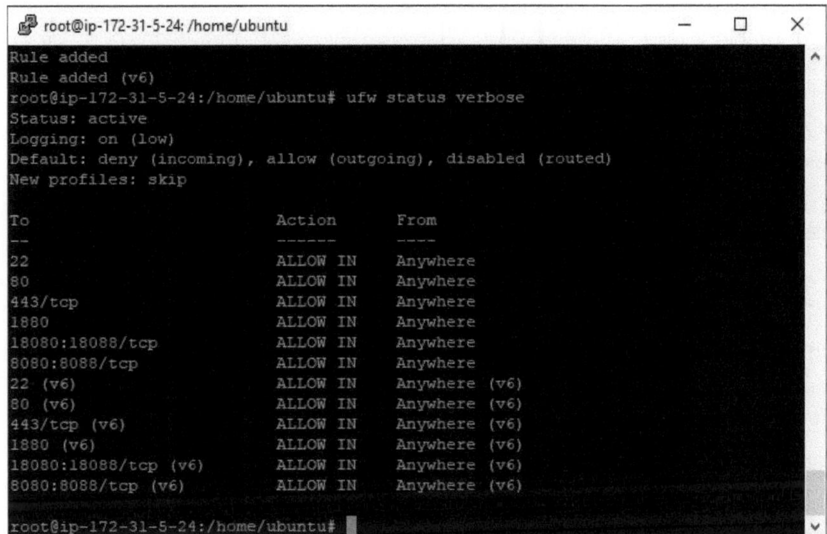

Figura 63: Puertos habilitados por firewall de instancia.

INSTALACIÓN DE NODE RED

Para poder visualizar el reporte de cualquier dato es necesario poder instalar una aplicación que permita configurar el acceso a uno de los puertos el cual se ofrecerá a los clientes para visualizar la información.

Por otro lado, esta aplicación de configuración y programación del frontend debe ser accedida por el desarrollador, es por ello que el puerto 1880, fue habilitado para ser utilizado para tal fin.

NodeRed es una aplicación que es abierta y puede instalarse en nuestro servidor, la misma es utilizada para realizar programación visual a través de flujos.

Esta puede ser actualizada a través de la instalación de plugins que permiten un estándar de desarrollo superior al ofrecido de fábrica.

Para proceder a la instalación de NodeRed debemos instalar NodeJS, para ellos ingresamos, primero

node –v

Para acceder a la version de node instalada en Ubuntu, al no encontrarse la misma Ubuntu responde con el comando a ser utilizado para su instalación.

sudo apt install nodejs

```
Setting up update-manager-core (1:18.04.11.12) ...
Setting up python3.6-minimal (3.6.9-1~18.04ubuntu1) ...
Setting up libpython3.6:amd64 (3.6.9-1~18.04ubuntu1) ...
Setting up python3.6 (3.6.9-1~18.04ubuntu1) ...
Processing triggers for ureadahead (0.100.0-21) ...
Processing triggers for libc-bin (2.27-3ubuntu1) ...
Processing triggers for systemd (237-3ubuntu10.39) ...
Processing triggers for man-db (2.8.3-2ubuntu0.1) ...
Processing triggers for mime-support (3.60ubuntu1) ...
root@ip-172-31-25-33:/home/ubuntu#
root@ip-172-31-25-33:/home/ubuntu# sudo apt-get install git
Reading package lists... Done
Building dependency tree
Reading state information... Done
git is already the newest version (1:2.17.1-1ubuntu0.7).
git set to manually installed.
0 upgraded, 0 newly installed, 0 to remove and 3 not upgraded.
root@ip-172-31-25-33:/home/ubuntu# node -v

Command 'node' not found, but can be installed with:

apt install nodejs

root@ip-172-31-25-33:/home/ubuntu# apt install nodejs
```

Figura 64: Instalación de nodejs

Luego, procedemos a instalar los siguientes paquetes, primero se observa la versión de npm, si el mismo no se encuentra Ubuntu devuelve el comando para su instalación.

npm -v

sudo apt install npm

También se puede proceder a instalar npm junto a node red.

sudo npm install -g --unsafe -perm node-red

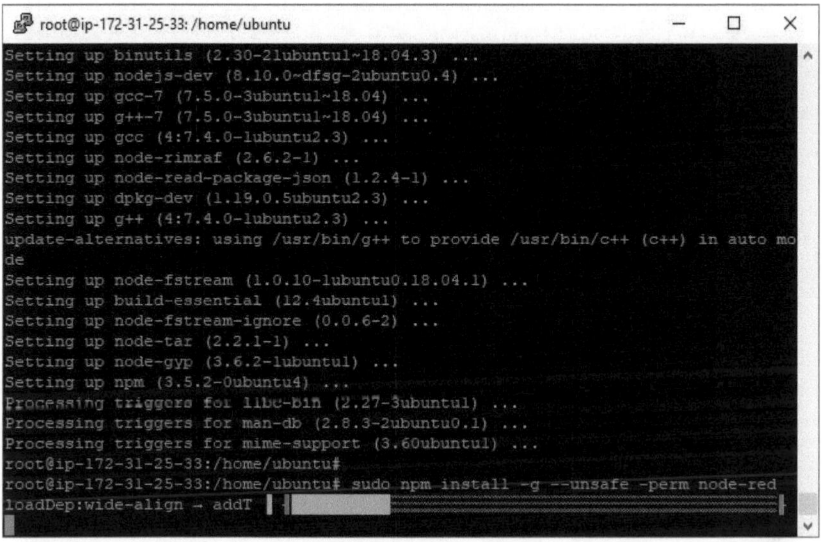

Figura 65: Proceso de instalación de node red.

Una vez finalizado se debe proceder al despliegue de los flujos, ingresando el comando

node-red

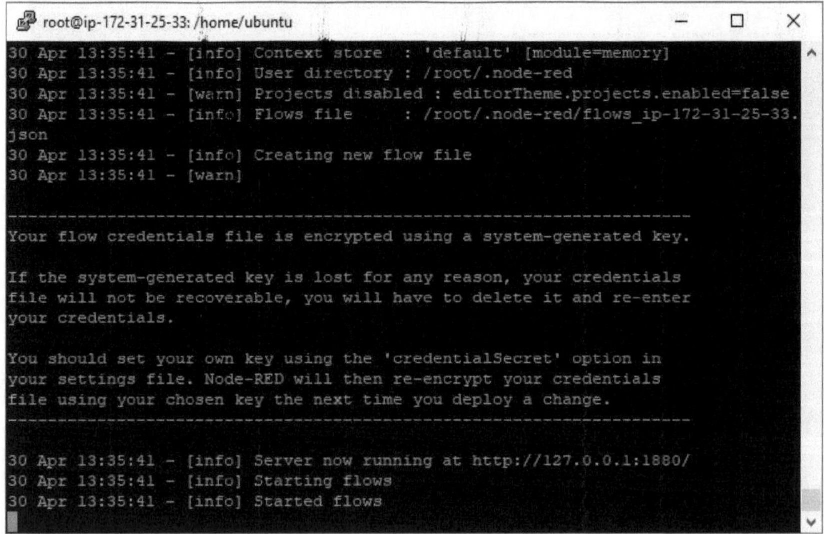

Figura 66: Despliegue de flujos a través de nodered.

Figura 67: Flujos iniciados en el IP más puerto indicado

Ahora, si ingresamos a la IP pública y el puerto deseado obtenemos la siguiente imagen.

http://54.188.253.164:1880/

Figura 68: Entorno de desarrollo de Nodered.

Si cerramos el flujo, más allá de que no apaguemos la instancia, estos flujos se perderán, para poder conservarlos es necesario dejar corriendo node red, para ellos es necesario instalar el paqeute pm2, e iniciar con el mismo node red, eso se realiza a través de los siguientes comandos.

npm install -g pm2

pm2 start node-red

Podemos verificar el estado de los servicios disparados a través del comando:

pm2 list

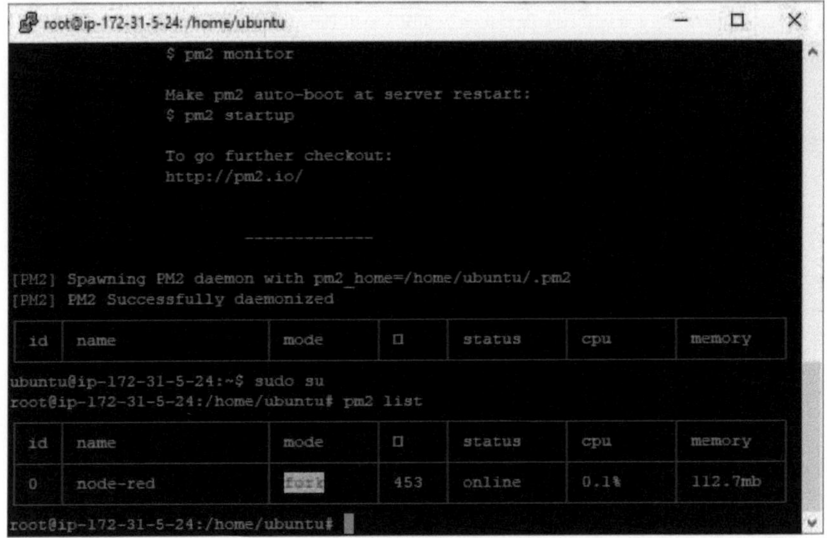

id	name	mode	□	status	cpu	memory

id	name	mode	□	status	cpu	memory
0	node-red	fork	453	online	0.1%	112.7mb

Figura 69: Servicios corriendo de manera constante.

Ahora nodered estará 24h pendiente de lo que llegue a él, aun cerrando Putty.

SEGURIDAD NODE-RED

Para acceder a la interfaz de desarrollo y que sólo sea accedida a través de usuario identificados, con acceso es necesario agregarle seguridad a nodered, dado que apenas se instala dicha aplicación es accesible a cualquiera que ingrese **IP:1880**.

Primeramente, paramos el servicio nodered, a través de

pm2 stop node-red

Figura 70: Parada de node-red

Luego se procede a la instalación de los paquetes de seguridad, para ello debe instalarse el paquete de seguridad de nodered, para tal fin debe ingresarse en la consola:

npm install -g node-red-admin

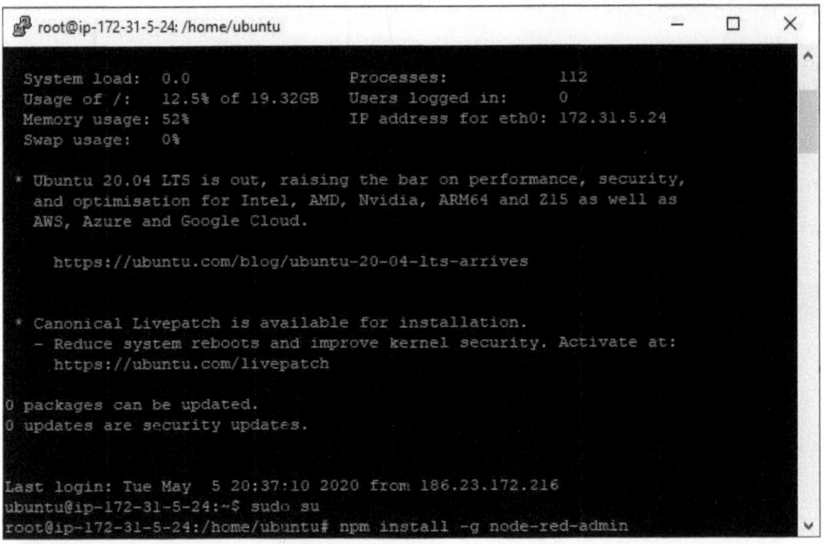

```
 root@ip-172-31-5-24: /home/ubuntu                        —    □    ×

 System load:   0.0              Processes:            112
 Usage of /:    12.5% of 19.32GB Users logged in:      0
 Memory usage: 52%               IP address for eth0: 172.31.5.24
 Swap usage:    0%

* Ubuntu 20.04 LTS is out, raising the bar on performance, security,
  and optimisation for Intel, AMD, Nvidia, ARM64 and Z15 as well as
  AWS, Azure and Google Cloud.

    https://ubuntu.com/blog/ubuntu-20-04-lts-arrives


* Canonical Livepatch is available for installation.
  - Reduce system reboots and improve kernel security. Activate at:
    https://ubuntu.com/livepatch

0 packages can be updated.
0 updates are security updates.


Last login: Tue May  5 20:37:10 2020 from 186.23.172.216
ubuntu@ip-172-31-5-24:~$ sudo su
root@ip-172-31-5-24:/home/ubuntu# npm install -g node-red-admin
```

Figura 71: Instalación de paquete de seguridad nodered.

```
 root@ip-172-31-5-24: /home/ubuntu                        —    □    ×

> bcrypt@3.0.8 install /usr/local/lib/node_modules/node-red-admin/node_modules/b
crypt
> node-pre-gyp install --fallback-to-build

node-pre-gyp WARN Using request for node-pre-gyp https download
[bcrypt] Success: "/usr/local/lib/node_modules/node-red-admin/node_modules/bcryp
t/lib/binding/bcrypt_lib.node" is installed via remote
/usr/local/lib
└── node-red-admin@0.1.5
    ├── bcrypt@3.0.8
    │   ├── nan@2.14.0
    │   └── node-pre-gyp@0.14.0
    │       ├── detect-libc@1.0.3
    │       ├── mkdirp@0.5.5
    │       ├── needle@2.4.1
    │       │   ├── debug@3.2.6
    │       │   │   └── ms@2.1.2
    │       │   ├── iconv-lite@0.4.24
    │       │   └── sax@1.2.4
    │       ├── nopt@4.0.3
    │       │   ├── abbrev@1.1.1
    │       │   └── osenv@0.1.5
    │       │       ├── os-homedir@1.0.2
```

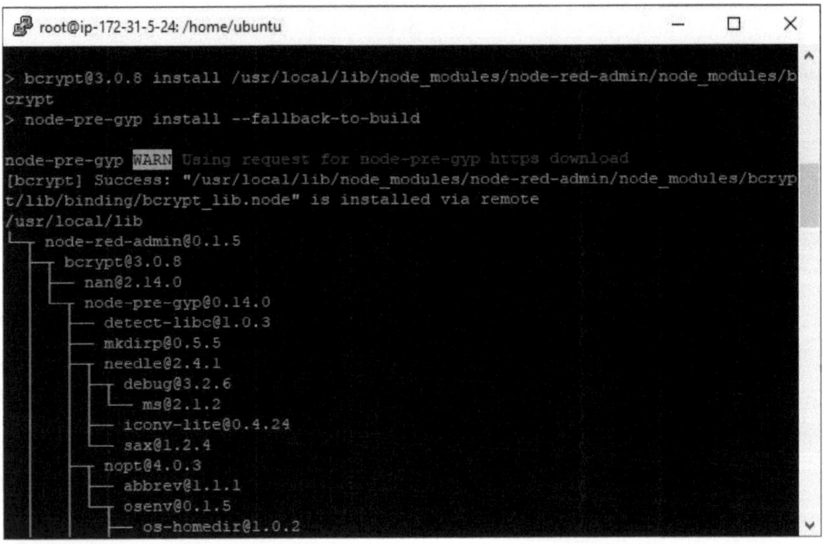

Figura 72:Instalación de paquete de seguridad nodered.

Luego debe ejecutarse el comando que sigue desde el usuario root, para ingresar a este usuario se debe ingresar primeramente sudo su, luego:

node-red-admin hash-pw

una vez realizado esto, se ingresa la clave a través de la cual un usuario podrá acceder a **IP:1880**.

Ingresando esa clave deseada se genera un hash tal como el que se indica a continuación:

$2b$08$RoqAkgenJHOG/9fC6oE/Wu0BMfJcteFVJAYzi7AJQDRnWU7SPqzqO

```
root@ip-172-31-5-24: /home/ubuntu
jsbn@0.1.1
safer-buffer@2.1.2
tweetnacl@0.14.5
is-typedarray@1.0.0
isstream@0.1.2
json-stringify-safe@5.0.1
mime-types@2.1.27
mime-db@1.44.0
oauth-sign@0.9.0
performance-now@2.1.0
qs@6.5.2
safe-buffer@5.1.2
tough-cookie@2.5.0
psl@1.8.0
punycode@2.1.1
tunnel-agent@0.6.0
uuid@3.4.0
when@3.7.8
root@ip-172-31-5-24:/home/ubuntu# node-red-admin hash-pw
Password:
$2b$08$RoqAkgenJHOG/9fC6oE/Wu0BMfJcteFVJAYzi7AJQDRnWU7SPqzqO
root@ip-172-31-5-24:/home/ubuntu# ^C
root@ip-172-31-5-24:/home/ubuntu# cd /home/ubuntu/.node-red
```

Figura 73:Generación de hash a través de password.

Dado que nodered, viene abierto a todo mundo es necesario configurar el acceso a través de la configuración del archivo **settings.js**, para ellos se debe acceder a la carpeta **/root/.node-red**

Una vez allí dentro ingreso:

sudo nano settings.js

```
root@ip-172-31-5-24: ~/.node-red                              —   □   ×

root@ip-172-31-5-24:~# pmw

Command 'pmw' not found, but can be installed with:

apt install pmw

root@ip-172-31-5-24:~# pwm

Command 'pwm' not found, but there are 16 similar ones.

root@ip-172-31-5-24:~# cd /root/.node-red
root@ip-172-31-5-24:~/.node-red# ls
flows_ip-172-31-5-24.json            lib              package.json
flows_ip-172-31-5-24_cred.json   node_modules   settings.js
root@ip-172-31-5-24:~/.node-red# ls -lh
total 56K
-rw-r--r--     1 root root   23K May   5 20:10  flows_ip-172-31-5-24.json
-rw-r--r--     1 root root   380 May   5 19:39  flows_ip-172-31-5-24_cred.json
drwxr-xr-x     3 root root  4.0K Apr 30 18:56  lib
drwxr-xr-x 137 root root  4.0K May   5 18:30  node_modules
-rw-r--r--     1 root root   458 May   5 18:30  package.json
-rw-r--r--     1 root root   13K May   5 22:15  settings.js
root@ip-172-31-5-24:~/.node-red# sudo nano settings.js
root@ip-172-31-5-24:~/.node-red#
```

Figura 74:Configuración de settings.js

Y acceder a la seccion de adminAuth, y generar un acceso nuevo para un usuario, en este paso es donde debo asignar el nombre de usuario y pegar el hash generado por node-red para poder generar la asociación del par usuario mas clave.

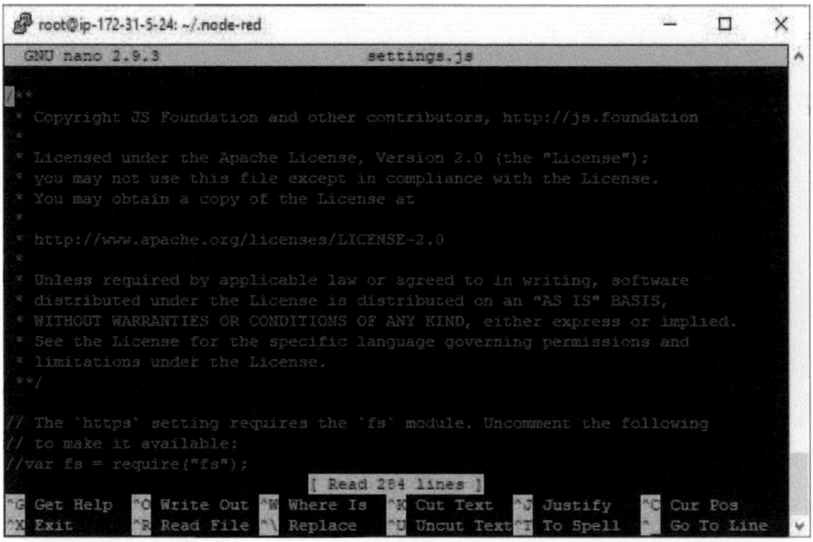

Figura 75:Visualización de archivo settings.js

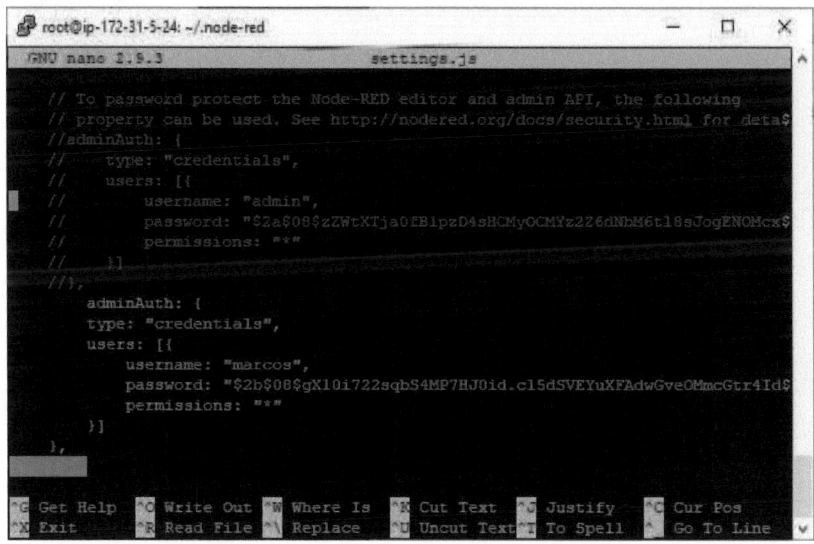

Figura 76: Modificación de archivo settings.js sección autorización

Finalmente se procede a desplegar nuevamente los flujos de nodered a través de

pm2 start node-red

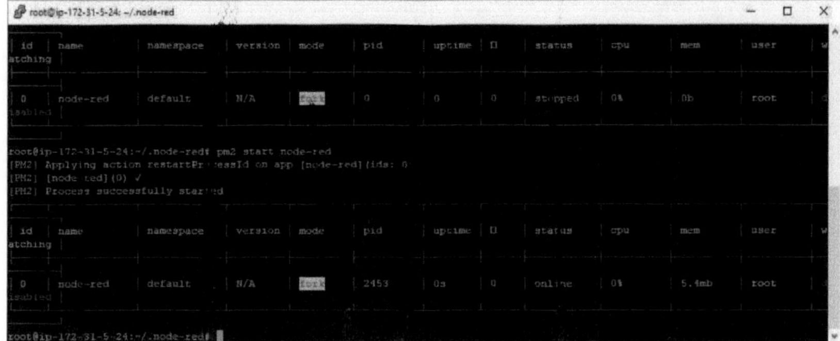

Figura 77: Reinicio de flujos nodered

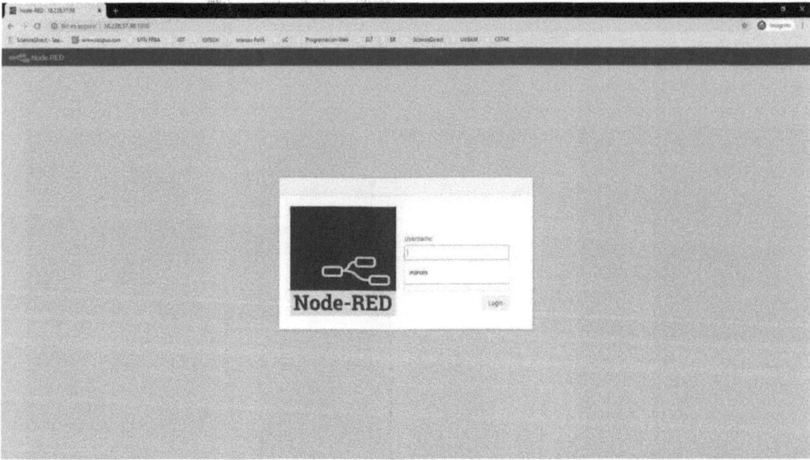

Figura 78: Pantalla de acceso a perfil desarrollador en IP:1880.

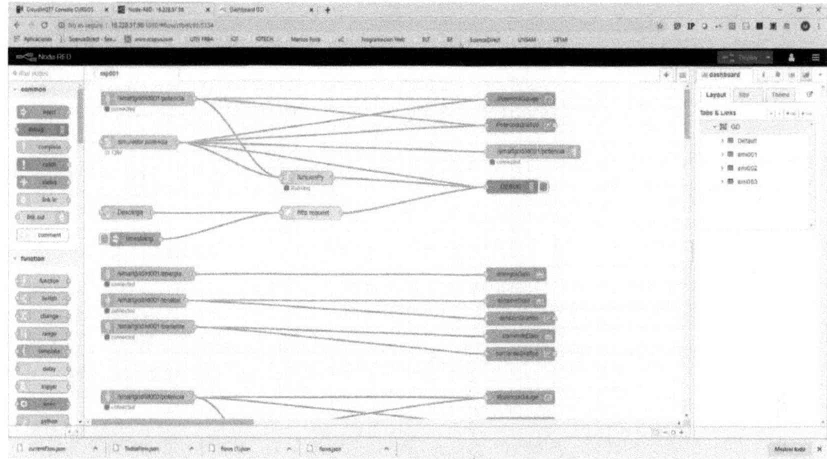

Figura 79: Perfil de desarrollador de nodered.

INSTALACIÓN APACHE

Para que se pueda acceder a la pantalla de usuario, y poder visualizar a través de un acceso a un link la plataforma frontend generada en node-red es necesario, poder administrar la instancia con un servidor de servicios web.

Para ello es necesario instalar apache, dado que este es uno de los servicios gratuitos que se ofrecen en la web, primeramente, accedemos a actualizar paquetes

sudo apt update

sudo apt upgrade

Luego:

sudo apt install apache2

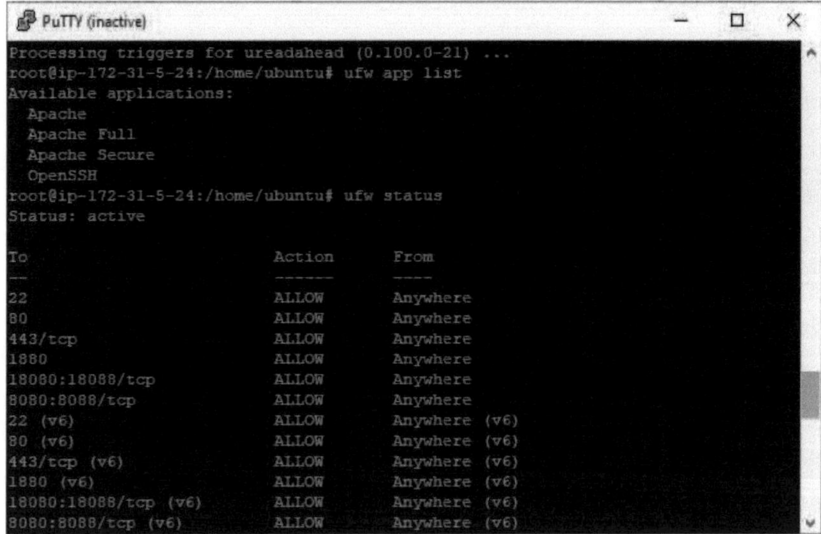

Figura 80: Proceso de instalación apache2.

Figura 81: Finalización instalación Apache2.

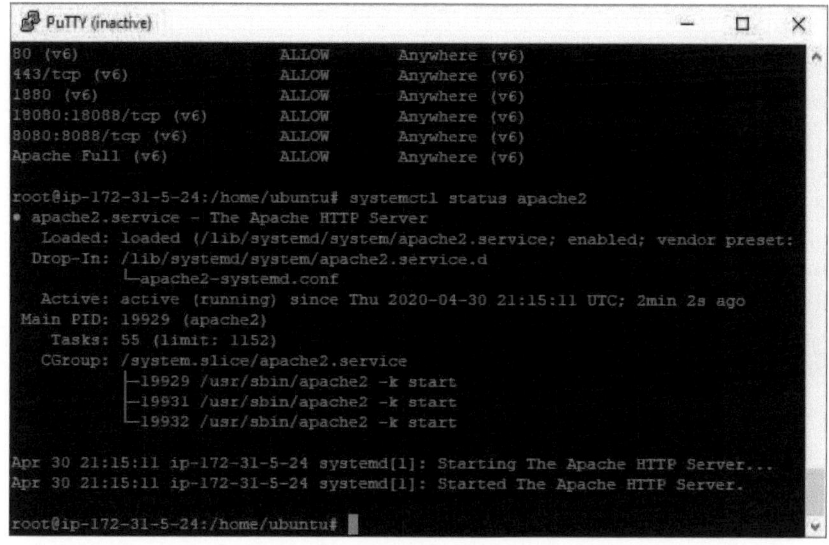

Figura 82: Activación Apache2.

Una vez configurado de esta manera es posible poder cargarle en la carpeta correspondiente, los archivos index.html, que serán visualizado al ingresar en un navegador IP:80, o simplemente IP.

Se debe tener en cuenta que por default el protocolo habilitado por la mayoría de los navegadores es HTTPS, y nuetro servidor, si bien tiene el puerto 443 habilitado, necesita tener los certificados de seguridad por lo que el ingreso debe ser http://IP:80 o bien http://IP

FILEZILLA

Para poder cargar archivos a nuestra máquina virtual es necesario utilizar clientes, el elegido es
Filezilla.

A través de este software es posible conectarse a web hosting que almacenan sitios web, estos
servicios ofrecen un panel de control que facilita la interacción con el servidor.

En el caso de la instancia no se le ha instalado ningún servicio de Panel de Control de Hosting, por
lo que se manejará a nivel bajo, accediendo de manera remota a las carpetas donde se debe alojar
el index.html.

Para proceder a la descarga de Filezilla se debe ingresar a https://filezilla-project.org/ y descargar
la opción Cliente desde el link https://filezilla-project.org/download.php?type=client

Una vez instalado la visualización en PC es similar a la siguiente

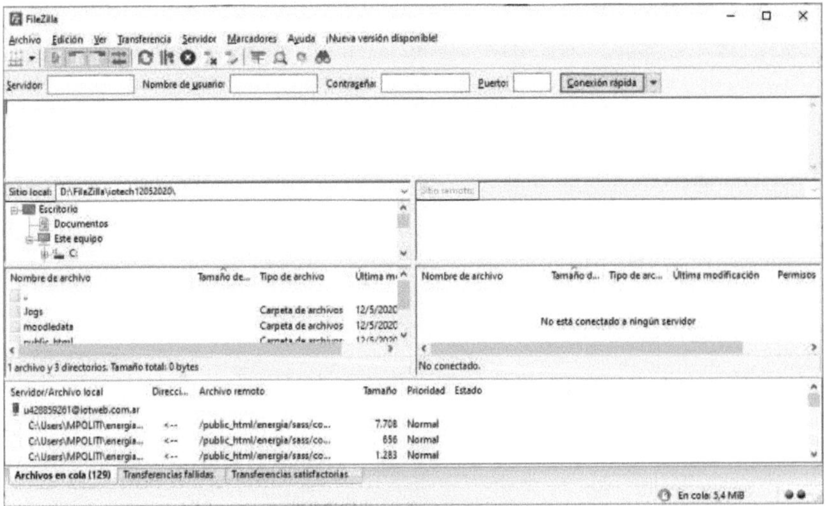

Figura 83: FileZilla instalado en PC.

Una vez instalado es necesario acceder a la modificación y carga de los permisos para poder
modificar el servidor en la instancia de AWS.

Para ello se debe ingresar Edicion , luego Opciones y en SFTP se accede a cargar las claves privadas
*.ppk que fueran generadas anteriormente.

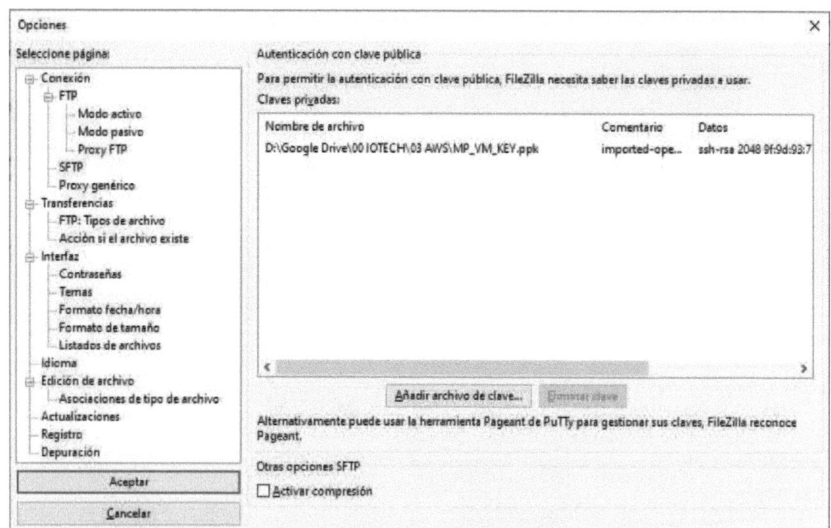

*Figura 84: Proceso de carga de claves *.ppk*

Se aceptan los cambios y luego en la pantalla principal, en Servidor se coloca el IP generado en AWS, Nombre de Usuario: Ubuntu, en contraseña no va nada, dado que la clave para acceso es la proporcionada a través de la clave privada *.ppk, y en Puerto: 22.

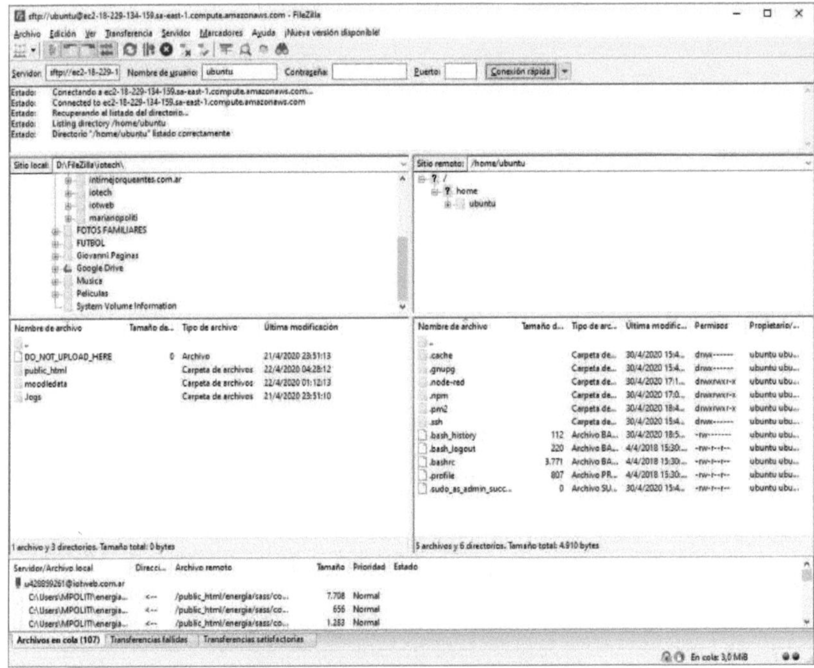

Figura 85: Acceso por FTP a instancia de AWS.

El index.html deseado para la comunicación con el usuario debe ser cargado en la carpeta **/var/www/html** ,esta está bloqueada para ser accedida de manera remota por lo que se le deben cambiar los permisos para usuario grupo y otros para que pueda leer escribir y ejecutar esto se realiza a través del comando

sudo chmod 777 html

En la carpeta **/var/www** tal como se observa en la siguiente figura.

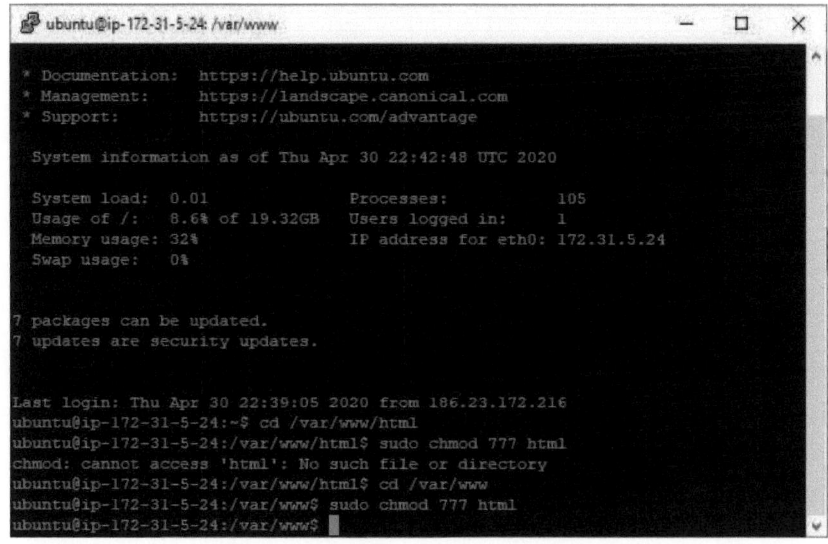

Figura 86: Configuración de permisos en /var/www/html.

Una vez realizado este proceso es posible cargar el index.html, y de esta forma al ingresas en un navegador http://IP se puede acceder a la información proporcionada a través de dicho archivo.

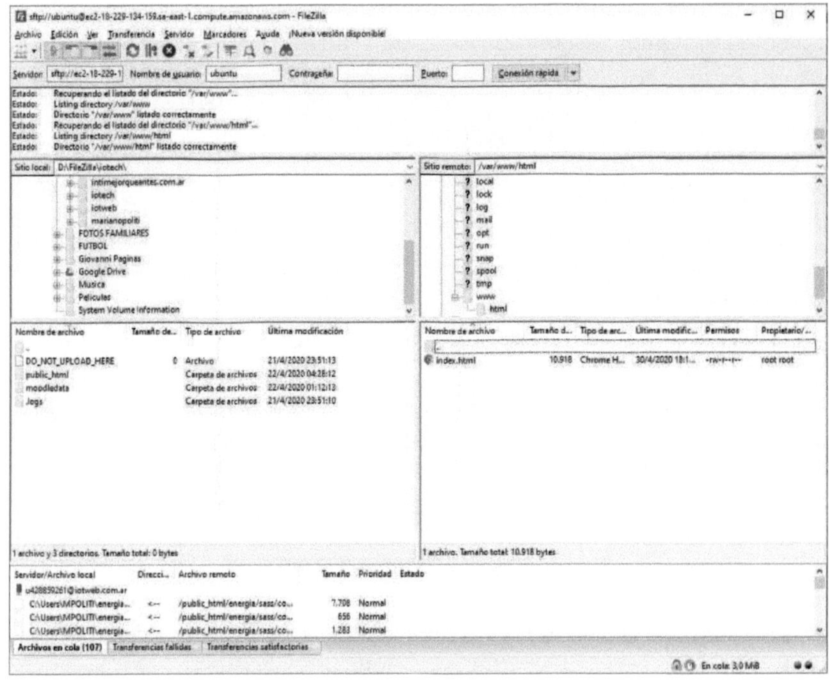

Figura 87: Carga de index.html

PROTOCOLO UTILIZADO HACIA PLATAFORMA WEB

MQTT

Este es un protocolo reducido que corre sobre TCP/IP que permite que las "máquinas" hablen entre sí, de ahí su tipo, M2M (del inglés *Machine to Machine*).

En un extremo tenemos un usuario final, o endpoint, es decir un dispositivo capaz de capturar información a través de sensores, información como la temperatura, presión, humedad, niveles o cualquier otra magnitud que uno desee medir de manera directa o indirecta; y del otro lado, un terminal que recolecta dichos datos, o broker, y que además vincula a otros endpoints, que desean conocer que paso con aquella medición de temperatura, presión o humedad realizado por el primero, tal como lo muestra la figura.

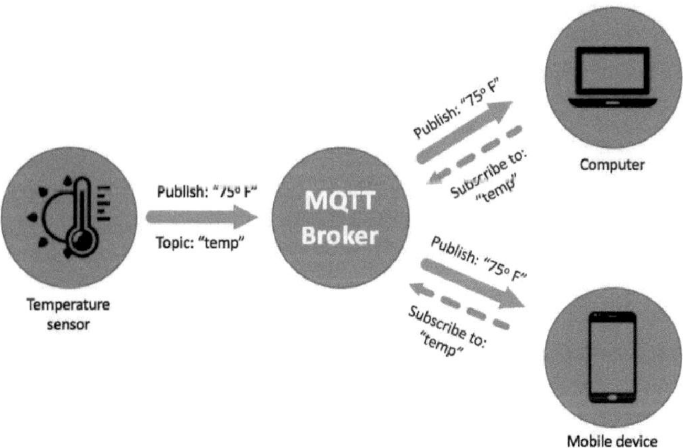

Figura 88: Esquema MQTT.

Dada la gran cantidad de dispositivos IoT, hay una necesidad real de un protocolo muy ligero, que consuma muy poco ancho de banda y que permita comunicarse a través de la publicación/suscripción para tener una comunicación bidireccional real con acuses de recibo, ágil.

Esto permite que los dispositivos pasen de tener una iteración punto a punto a una iteración más sofisticada donde se establezcan verdaderos diálogos entre las máquinas.

Aquí es donde MQTT cobra sentido, dado que es un protocolo que permite eso: publicación y suscripción de mensajes, comunicación bidireccional y acuses de recibo de dichos mensajes.

CARACTERISTICAS PRINCIPALES

- ✓ Protocolo de comunicación asincrónico.
- ✓ Baja cantidad de bits en los encabezados
- ✓ Modelo de Publish/Subscribe (PubSub model)
- ✓ Corre sobre protocolo orientado a la comunicación (TCP)

Uno de sus puntos fuertes es que es extremadamente simple y ligero.

Por este motivo es muy interesante para sistemas que requieren poco ancho de banda, tienen una alta latencia y requieren de poco consumo de los dispositivos.

Los objetivos del protocolo MQTT es minimizar el ancho de banda, la comunicación bidireccional entre dispositivos, y además minimizar los requerimientos de los dispositivos tanto recursos como consumo y garantizar la fiabilidad, dado que no es necesario que constantemente este peticionando sobre una base de datos, a esto se le agrega la seguridad, en el caso que desee implementarse de este modo.

PRUEBAS SOBRE BROKER MQTT EN INTERNET.

CLOUDMQTT

Para poder realizar esta Tesis se optó por contar con un servicio Broker MQTT externo a la instancia, para tal fin se creó una cuenta en https://www.cloudmqtt.com/

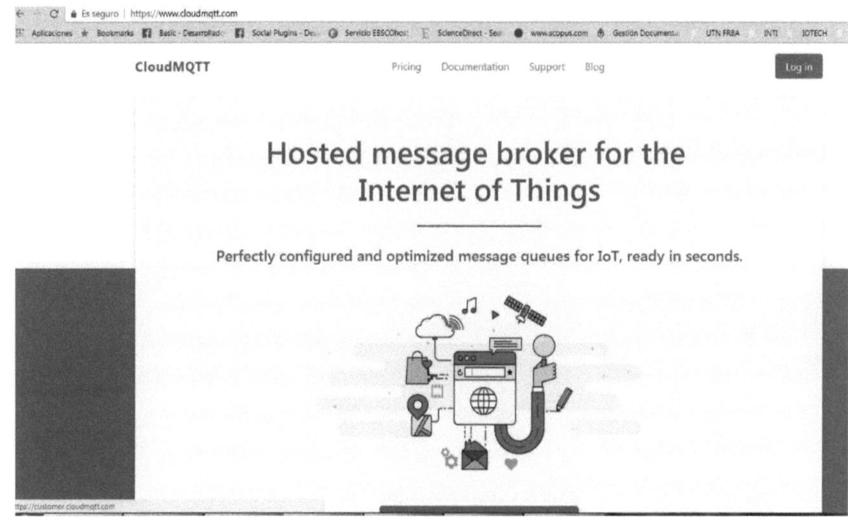

Figura 89: cloudmqtt.com

Primeramente, armarnos una cuenta, asociando un nombre y una dirección de email, valido para que luego de la validación podamos utilizar este bróker.

Y creamos el usuario smartgrid y sus reglas asociadas, tal como muestra la figura siguiente.

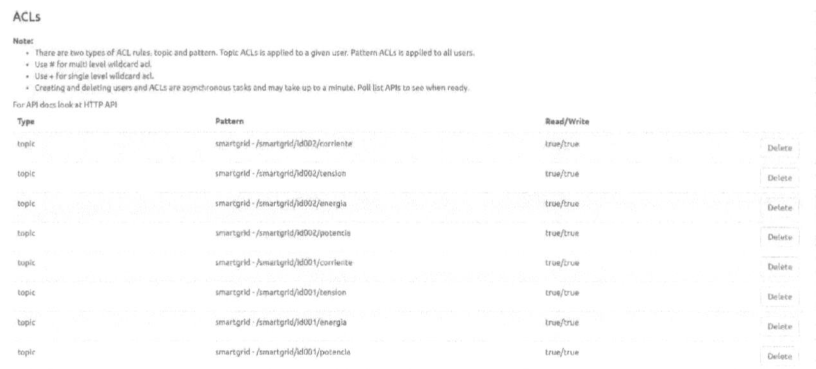

Figura 90: Usuario y Reglas.

A este y desde este servicio se conecta nuestra App desarrollada en NodeRed, en la implementación realizada, tal como se observa en la figura siguiente.

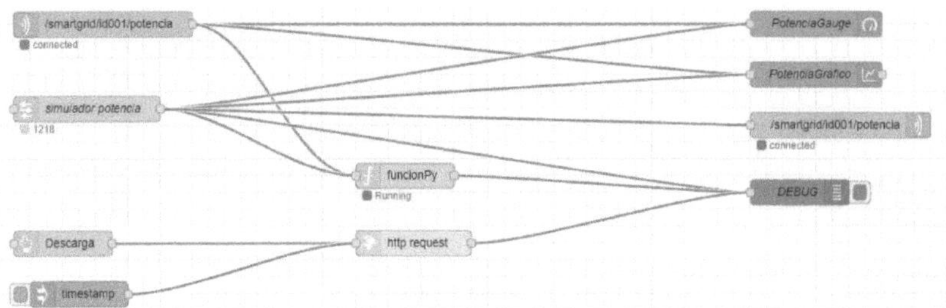

Figura 91: App en NodeRed

Finalmente, en http://www.smartgrid.ar podemos observar

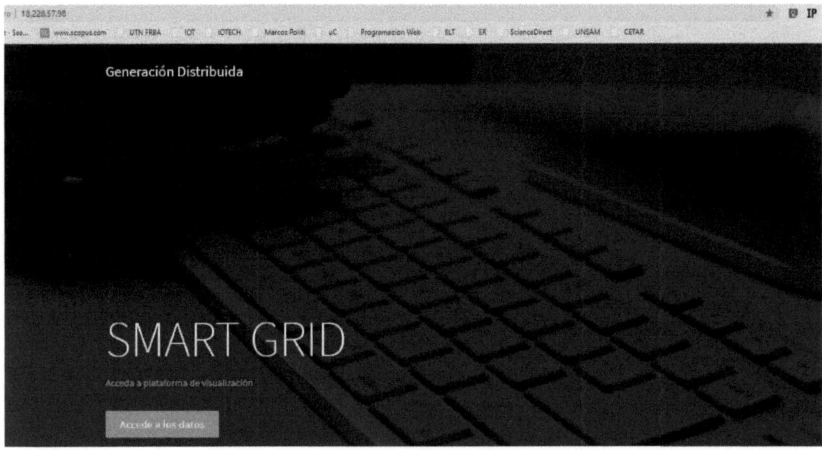

Figura 92: Portada smartgrid.ar

Y accediendo a los datos:

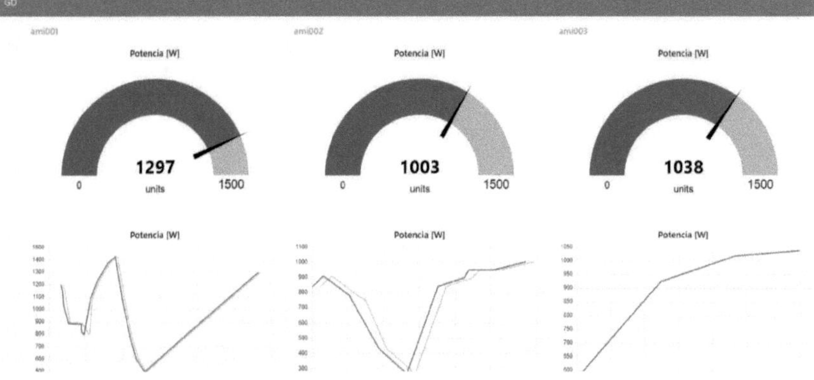

Figura 93: Dashboard visualización.

TERCER COMPONENTE DEL SISTEMA: GTW ETH

HARDWARE GTW ETH

El hardware utilizado en esta etapa es el mismo que usado en la etapa de conexión hacia el inversor fotovoltaico, la diferencia radica en el firmware cargado en el microcontrolador, este equipo es quien reporta los datos obtenidos del GTW INV FV y que posteriormente fueron irradiados al aire a través de LoRa.

El detalle del firmware puede observarse en el ANEXO D.

CAPITULO 06: RESULTADOS Y DISCUSIÓN

EN ELABORACION

Lorem ipsum dolor sit amet, consectetur adipiscing elit. Quisque interdum fermentum magna, sed suscipit tortor interdum a. Class aptent taciti sociosqu ad litora torquent per conubia nostra, per inceptos himenaeos. Morbi iaculis leo nunc, id faucibus dolor ultricies non. Duis euismod tincidunt sapien, ut tempor est tristique pulvinar. Donec tincidunt ullamcorper posuere. Suspendisse purus arcu, molestie sed dictum ac, euismod nec eros. Aliquam porta eleifend urna, sed hendrerit mi malesuada ultrices.

Mauris rutrum tempus purus, scelerisque facilisis augue imperdiet eget. In congue tempor felis, et pellentesque felis facilisis cu. Donec in leo blandit purus auctor ullamcorper sit amet quis magna. Nunc pulvinar mi vel ligula commodo, fringilla blandit nisi venenatis. Vivamus et sagittis orci. Phasellus quis odio vehicula, venenatis quam imperdiet, pretium justo. Sed a nisl nec libero posuere pharetra et sed nunc. Aliquam vitae enim eget leo pellentesque pellentesque at ac purus. Suspendisse potenti. Suspendisse at consequat sem. Donec dolor mauris, aliquet et dui a, dapibus aliquam ex. Ut quis risus dui. Curabitur ac sem quis quam malesuada blandit. Nulla placerat placerat scelerisque. Nulla sit amet justo suscipit, finibus nisl ut, placerat enim.

CAPITULO 07: CONCLUSIONES RECOMENDACIONES Y FUTURAS LINEAS DE ACCIÓN

EN ELABORACION

Lorem ipsum dolor sit amet, consectetur adipiscing elit. Quisque interdum fermentum magna, sed suscipit tortor interdum a. Class aptent taciti sociosqu ad litora torquent per conubia nostra, per inceptos himenaeos. Morbi iaculis leo nunc, id faucibus dolor ultricies non. Duis euismod tincidunt sapien, ut tempor est tristique pulvinar. Donec tincidunt ullamcorper posuere. Suspendisse purus arcu, molestie sed dictum ac, euismod nec eros. Aliquam porta eleifend urna, sed hendrerit mi malesuada ultrices.

Mauris rutrum tempus purus, scelerisque facilisis augue imperdiet eget. In congue tempor felis, et pellentesque felis facilisis eu. Donec in leo blandit purus auctor ullamcorper sit amet quis magna. Nunc pulvinar mi vel ligula commodo, fringilla blandit nisi venenatis. Vivamus et sagittis orci. Phasellus quis odio vehicula, venenatis quam imperdiet, pretium justo. Sed a nisl nec libero posuere pharetra et sed nunc. Aliquam vitae enim eget leo pellentesque pellentesque at ac purus. Suspendisse potenti. Suspendisse at consequat sem. Donec dolor mauris, aliquet et dui a, dapibus aliquam ex. Ut quis risus dui. Curabitur ac sem quis quam malesuada blandit. Nulla placerat placerat scelerisque. Nulla sit amet justo suscipit, finibus nisl ut, placerat enim.

CAPITULO 08: ANEXOS

ANEXO A

Esquemático del hardware.

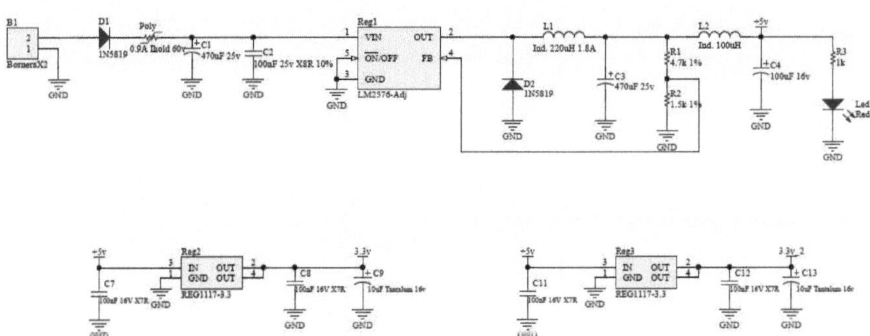

Figura 94: Etapa de adecuación de niveles de tensión.

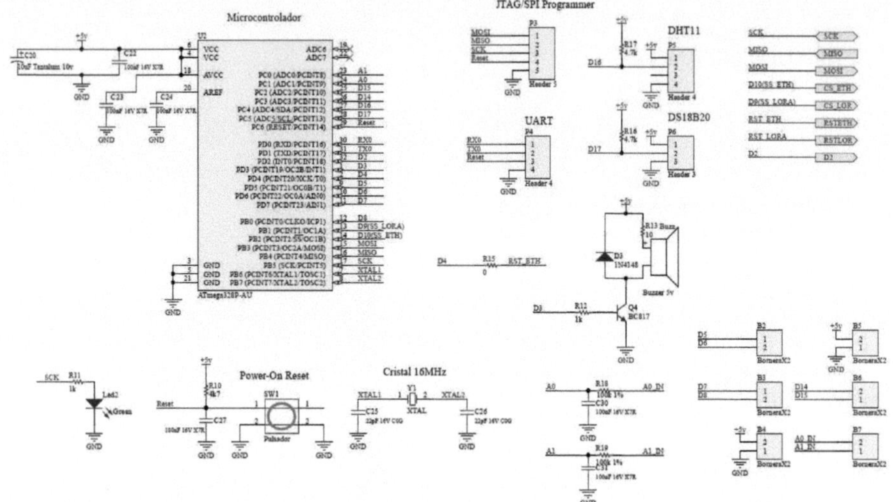

Figura 95: Microcontrolador y etapas de entrada y salida

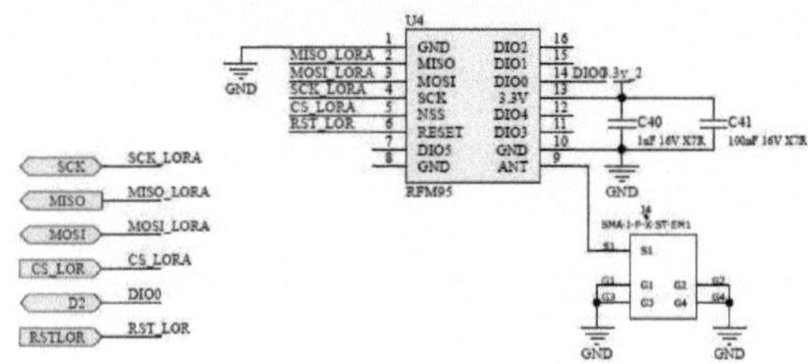

Figura 96: Módulo RFM95 (LoRa 915 MHz)

102

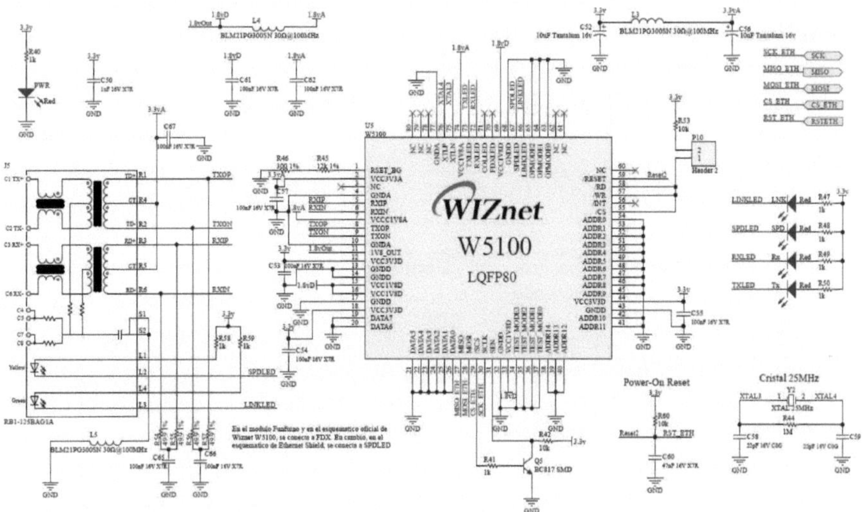

Figura 97: Módulo Ethernet W5100 y componentes necesarios para su funcionamiento.

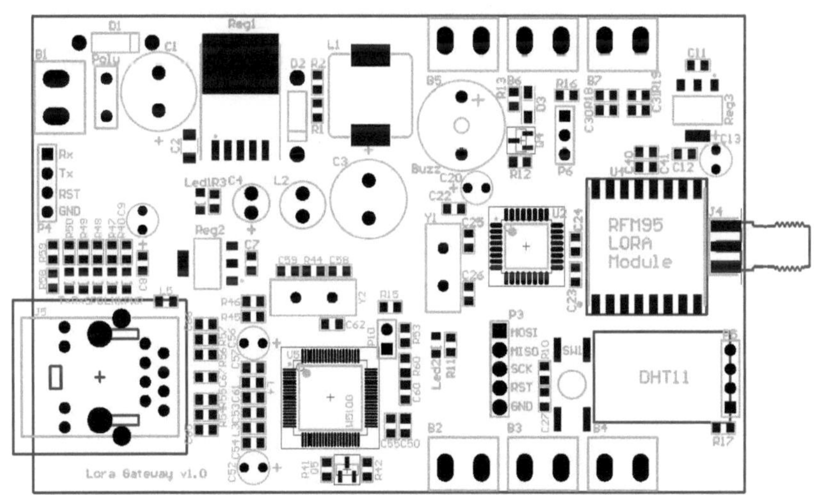

Figura 98: Impresión de ensamblado

Listado de materiales

LibRef	Comment	Description	Designator	Quantity
Bornera X2	BorneraX2		B1, B2, B3, B4, B5, B6, B7	7
Buzzer	Buzzer 5v		Buzz	1
Capacitor Elect.3 1000uF	470uF 25v	Capacitor Electrolitico Polarizado	C1, C3	2
Capacitor_1206	100nF 25v X8R 10%	1206 Ceramic Chip Capacitor	C2	1
Capacitor Elect.1 10uF	100uF 16v	Capacitor Electrolitico Polarizado	C4	1
Capacitor_0805	100nF 16V X7R	0805 Ceramic Chip Capacitor	C7, C8, C11, C12, C22, C23, C24, C27, C30, C31, C41, C53, C54, C55, C57, C61, C62, C65, C66, C67	20
Capacitor Tant. 2.2uF	10uF Tantalum 16v	Capacitor Tantalio	C9, C13, C52, C56	4
Capacitor Tant. 2.2uF	10uF Tantalum 10v	Capacitor Tantalio	C20	1
Capacitor_0805	22pF 16V C0G	0805 Ceramic Chip Capacitor	C25, C26, C58, C59	4
Capacitor_0805	1uF 16V X7R	0805 Ceramic Chip Capacitor	C40, C50	2
Capacitor_0805	47nF 16V X7R	0805 Ceramic Chip Capacitor	C60	1
1N5819	1N5819	1A Low Drop Power Schottky Rectifier Diode	D1, D2	2
1N4148	1N4148	1N4148	D3	1
SMA-J-P-X-ST-EM1	SMA-J-P-X-ST-EM1	SMA STRAIGHT, EDGE MOUNT JACK- 50 OHM	J4	1
RB1-125BAG1A	RB1-125BAG1A	Modular Connectors / Ethernet Connectors RJ-45 w/ Transformer connector/ude	J5	1
Ind. 220uH	Ind. 220uH 1.8A	Choque Radial 220uH 1.8A	L1	1

Ind. 100uH	Ind. 100uH	Choque Radial 100uH 7x10mm	L2	1
Inductor_0805	BLM21PG300SN 30Ω@100MHz	0805 Chip Ferrite Bead	L3, L4, L5	3
Led_0805	Red	0805 Led	Led1, LNK, PWR, Rx, SPD, Tx	6
Led_0805	Green	0805 Led	Led2	1
Header 5	Header 5	Header, 5-Pin	P3	1
Header 4	Header 4	Header, 4-Pin	P4, P5	2
Header 3	Header 3	Header, 3-Pin	P6	1
Header 2	Header 2	Header, 2-Pin	P10	1
Polyswitch	0.9A Ihold 60v		Poly	1
BC817	BC817	NPN Bipolar Transistor	Q4	1
BC817	BC817 SMD	NPN Bipolar Transistor	Q5	1
Resistor_0805	4.7k 1%	0805 1/8W Chip Resistor	R1	1
Resistor_0805	1.5k 1%	0805 1/8W Chip Resistor	R2	1
Resistor_0805	1k	0805 1/8W Chip Resistor	R3, R11, R12, R40, R41, R47, R48, R49, R50, R58, R59	11
Resistor_0805	4k7	0805 1/8W Chip Resistor	R10	1
Resistor_0805	10	0805 1/8W Chip Resistor	R13	1
Resistor_0805	0	0805 1/8W Chip Resistor	R15	1
Resistor_0805	4.7k	0805 1/8W Chip Resistor	R16, R17	2
Resistor_0805	100k 1%	0805 1/8W Chip Resistor	R18, R19	2
Resistor_0805	10k	0805 1/8W Chip Resistor	R42, R53, R60	3
Resistor_0805	1M	0805 1/8W Chip Resistor	R44	1
Resistor_0805	12k 1%	0805 1/8W Chip Resistor	R45	1
Resistor_0805	300 1%	0805 1/8W Chip Resistor	R46	1
Resistor_0805	49.9 1%	0805 1/8W Chip Resistor	R54, R55, R56, R57	4

LM2575-5.0	LM2576-Adj	SIMPLE SWITCHER® 1A Step-Down Voltage Regulator, 5-pin TO-220	Reg1	1
REG1117-3.3	REG1117-3.3	800mA and 1A Low Dropout Positive Regulator 2.85V, 3.3V, 5V, and Adjustable	Reg2, Reg3	2
Pulsador	Pulsador		SW1	1
ATmega328P-AU	ATmega328P-AU	8-bit AVR Microcontroller, 32KB Flash, 1KB EEPROM, 2KB SRAM, 32-pin TQFP, Industrial Grade (-40°C to 85°C)	U2	1
RFM95	RFM95	Low Power Long Range Transceiver Module	U4	1
W5100	W5100	WIZnet W5100	U5	1
XTAL	XTAL	Crystal Oscillator	Y1	1
XTAL	XTAL 25MHz	Crystal Oscillator	Y2	1

Librería aplicada al proyecto.

```
/*
  MgsModbus.h - an Arduino library for a Modbus TCP master and slave.
  V-0.1.1 Copyright (C) 2013  Marco Gerritse
  written and tested with Arduino 1.0

   This program is free software: you can redistribute it and/or modify
   it under the terms of the GNU General Public License as published by
   the Free Software Foundation, either version 3 of the License, or
   (at your option) any later version.

   This program is distributed in the hope that it will be useful,
   but WITHOUT ANY WARRANTY; without even the implied warranty of
   MERCHANTABILITY or FITNESS FOR A PARTICULAR PURPOSE.  See the
   GNU General Public License for more details.

   You should have received a copy of the GNU General Public License
   along with this program.  If not, see <http://www.gnu.org/licenses/>.

  For this library the following library is used as start point:

   [1] Mudbus.h - an Arduino library for a Modbus TCP slave.
       Copyright (C) 2011  Dee Wykoff
   [2] Function codes 15 & 16 by Martin Pettersson

  The following references are used to write this library:

   [3] Open Modbus/Tcp specification, Release 1.0, 29 March 1999
       By Andy Swales, Schneider Electric
   [4] Modbus application protocol specification V1.1b3, 26 april 202
       From http:/www.modbus.org

  External software used for testing:

   [5] modpoll - www.modbusdriver.com/modpoll.html
   [6] ananas - www.tuomio.fi/ananas
   [7] mod_rssim - www.plcsimulator.org
   [8] modbus master - www.cableone.net/mblansett/

  This library use a single block of memory for all modbus data (mbData[] array). The
  same data can be reached via several modbus functions, either via a 16 bit access
```

or via an access bit. The length of MbData must at least 1.

For the master the following modbus functions are implemented: 1, 2, 3, 4, 5, 6, 15, 16
For the slave the following modbus functions are implemented: 1, 2, 3, 4, 5, 6, 15, 16

The internal and external addresses are 0 (zero) based

V-0.1.1 2013-06-02
bugfix

V-0.1.0 2013-03-02
initinal version
*/


```cpp
#include "Arduino.h"

#include <SPI.h>
#include <Ethernet.h>


#ifndef MgsModbus_h
#define MgsModbus_h

#define MbDataLen 30 // length of the MdData array
#define MB_PORT 23//502

enum MB_FC {
  MB_FC_NONE                        = 0,
  MB_FC_READ_COILS                  = 1,
  MB_FC_READ_DISCRETE_INPUT         = 2,
  MB_FC_READ_REGISTERS              = 3,
  MB_FC_READ_INPUT_REGISTER         = 4,
  MB_FC_WRITE_COIL                  = 5,
  MB_FC_WRITE_REGISTER              = 6,
  MB_FC_WRITE_MULTIPLE_COILS        = 15,
  MB_FC_WRITE_MULTIPLE_REGISTERS    = 16
};

class MgsModbus
{
public:
  // general
```

```cpp
  MgsModbus();
  word MbData[MbDataLen]; // memory block that holds all the modbus user data
  boolean GetBit(word Number);
  boolean SetBit(word Number,boolean Data); // returns true when the number is in the
MbData range
  // modbus master
  void Req(MB_FC FC, word Ref, word Count, word Pos);
  void MbmRun();
  IPAddress remSlaveIP;
  IPAddress remServIP;
  byte remServerIP[4];
  String prueba;
  // modbus slave
  void MbsRun();
  word GetDataLen();
  uint8_t flag_connect;
  uint8_t primer;
private:
  // general
  MB_FC SetFC(int fc);
  // modbus master
  uint8_t MbmByteArray[120]; // send and recieve buffer
  MB_FC MbmFC;
  int MbmCounter;
  void MbmProcess();
  word MbmPos;
  word MbmBitCount;
  //modbus slave
  uint8_t MbsByteArray[120]; // send and recieve buffer
  MB_FC MbsFC;
};

#endif
```

DETALLE DE LAS FUNCIONES DE LAS LIBRERIAS

Las librerías empleadas para el manejo del MODBUS se encuentran implementadas a través de "MsgModbus.cpp", "MsgModbus.h" y "RegModbusSB15.h".

La lista de clases y funciones es la siguiente:

MgsModbus (): Función pública no implementada.

boolean GetBit (word Number): Función pública. Lee un dato de valor lógico en el vector de datos en la posición especificada por "Number".

boolean SetBit (word Number, boolean Data): Función pública. Coloca un dato de valor lógico "Data" en el vector de datos en la posición especificada por "Number".

void Req (MB_FC FC, word Ref, word Count, word Pos): Función pública. En base al código de función (tipo de dato MB_FC) elige la operación a realizar para configurar la trama de datos. El parámetro "Ref" es el registro a leer en el dispositivo apuntado. El parámetro "Count" indica la cantidad de datos a leer. El parámetro pos. El dispositivo apuntado es direccionado mediante la dirección IP guardada previamente en la variable global "remServerIP", el cual es un vector de cuatro bytes. La función se encarga de inicializar el cliente y el servidor ethernet para poder operar en ambos modos.

void MbmRun (): Función Pública. El equipo actúa como maestro modbus. Se fija si la conexión con el servidor está disponible, y guarda en el vector de datos la información enviada en la trama.

void MbsRun (): Función Pública. Mientras el cliente ethernet (Maestro modbus) está disponible, toma el pedido de información y devuelve lo solicitado (sea una lectura interna o una operación para él maestro).

word GetDataLen (): Función Pública. Obtiene la longitud del vector de datos.

MB_FC SetFC (int fc): Función Privada. Devuelve el parámetro "fc" como código de función para cargar en la variable "MbsFC".

void MbmProcess (): Función privada. Se encarga de procesar los datos inmediatos recibidos por el bus y guardados en "MbByteArray" y pasarlos a "MbData".

VARIABLES DE LA CLASE MODBUS.

Públicas:

word MbData[MbDataLen]: Vector de datos tipo "Word" que almacena los datos requeridos o para enviar, comunes al maestro y el esclavo.

IPAddress remSlaveIP: Variable tipo "IPAddres" (para ethernet) que guarda los datos del IP del equipo a direccionar.

byte remServerIP[4]: Vector de bytes usado para cargar la dirección particular del equipo al iniciar la comunicación.

Privadas:

uint8_t MbmByteArray [120]: Vector de bytes usados para las funciones de maestro modbus del equipo.

MB_FC MbmFC: Variable de código de función para maestro Modbus. Un byte.

int MbmCounter: Contador de datos recibidos en lectura del bus.

word MbmPos: Posición del registro o coil.

word MbmBitCount: Cantidad de bits (o bytes) para un registro o "coil".

uint8_t MbsByteArray [120]: Vector de bytes usados para las funciones de esclavo modbus del equipo.

MB_FC MbsFC: Variable de código de función para esclavo Modbus. Un byte.

```
#include "MgsModbus.h"
#include <SPI.h>
#include <Ethernet.h>
#include <EthernetServer.h>
#include <EthernetClient.h>
#define DEBUG
 // For Arduino 1.0
 EthernetServer MbServer(MB_PORT);
 EthernetClient MbmClient; //Modificado 22/05. Puede deshacerse
byte mac1[] = {0x90, 0xA2, 0xDA, 0x0E, 0x94, 0xB5 };
MgsModbus::MgsModbus()
{
 //Inicializador. Realizar alguna acción
}


//****************** Send data for ModBusMaster ***************
void MgsModbus::Req(MB_FC FC, word Ref, word Count, word Pos)
{
```

```
MbmFC = FC;
byte ServerIp[] = {0,0,0,0};
ServerIp[0] = remServerIP[0];
ServerIp[1] = remServerIP[1];
ServerIp[2] = remServerIP[2];
ServerIp[3] = remServerIP[3];
MbmByteArray[0] = 0;  // ID high byte
MbmByteArray[1] = 1;  // ID low byte
MbmByteArray[2] = 0;  // protocol high byte
MbmByteArray[3] = 0;  // protocol low byte
MbmByteArray[5] = 6;  // Lenght low byte;
MbmByteArray[4] = 0;  // Lenght high byte
MbmByteArray[6] = 3;  // unit ID
MbmByteArray[7] = FC; // function code
MbmByteArray[8] = highByte(Ref);
MbmByteArray[9] = lowByte(Ref);
//****************** Read Coils (1) & Read Input discretes (2) ********************
if(FC == MB_FC_READ_COILS || FC == MB_FC_READ_DISCRETE_INPUT) {
 if (Count < 1) {Count = 1;}
 if (Count > 125) {Count = 2000;}
 MbmByteArray[10] = highByte(Count);
 MbmByteArray[11] = lowByte(Count);
}
//***************** Read Registers (3) & Read Input registers (4) *****************
if(FC == MB_FC_READ_REGISTERS || FC == MB_FC_READ_INPUT_REGISTER) {
 if (Count < 1) {Count = 1;}
 if (Count > 125) {Count = 125;}
 MbmByteArray[10] = highByte(Count);
 MbmByteArray[11] = lowByte(Count);
}
//***************** Write Coil (5) ********************
if(MbmFC == MB_FC_WRITE_COIL) {
 if (GetBit(Pos)) {MbmByteArray[10] = 0xFF;} else {MbmByteArray[10] = 0;} // 0xFF coil on
0x00 coil off
  MbmByteArray[11] = 0; // always zero
}
//***************** Write Register (6) ****************
if(MbmFC == MB_FC_WRITE_REGISTER) {
 MbmByteArray[10] = highByte(MbData[Pos]);
 MbmByteArray[11] = lowByte(MbData[Pos]);
}
//***************** Write Multiple Coils (15) *********************
// not fuly tested
if(MbmFC == MB_FC_WRITE_MULTIPLE_COILS) {
 if (Count < 1) {Count = 1;}
```

```cpp
    if (Count > 800) {Count = 800;}
   MbmByteArray[10] = highByte(Count);
   MbmByteArray[11] = lowByte(Count);
   MbmByteArray[12] = (Count + 7) /8;
   MbmByteArray[4] = highByte(MbmByteArray[12] + 7); // Lenght high byte
   MbmByteArray[5] = lowByte(MbmByteArray[12] + 7); // Lenght low byte;
   for (int i=0; i<Count; i++) {
     bitWrite(MbmByteArray[13+(i/8)],i-((i/8)*8),GetBit(Pos+i));
   }
 }
//***************** Write Multiple Registers (16) *****************
if(MbmFC == MB_FC_WRITE_MULTIPLE_REGISTERS) {
  if (Count < 1) {Count = 1;}
  if (Count > 100) {Count = 100;}
  MbmByteArray[10] = highByte(Count);
  MbmByteArray[11] = lowByte(Count);
  MbmByteArray[12] = (Count*2);
  MbmByteArray[4] = highByte(MbmByteArray[12] + 7); // Lenght high byte
  MbmByteArray[5] = lowByte(MbmByteArray[12] + 7); // Lenght low byte;
  for (int i=0; i<Count;i++) {
    MbmByteArray[(i*2)+13] = highByte (MbData[Pos + i]);
    MbmByteArray[(i*2)+14] = lowByte (MbData[Pos + i]);
  }
}
//***************** ?? *****************
/*if (primer == 1)
{
 MbServer.begin();
 delay(2000);
 primer = 0; //comentar
}else*/ MbServer.begin();
delay(100);
EthernetClient client1 = MbServer.available();
byte estado;
estado = 1;
if (estado) //puerto 502
{
 #ifdef DEBUG
  Serial.println("connected with modbus slave");
  Serial.print("Master request: ");
  for(int i=0;i<MbmByteArray[5]+6;i++) {
   if(MbmByteArray[i] < 16){Serial.print("0");}
   Serial.print(MbmByteArray[i],HEX);
   if (i != MbmByteArray[5]+5) {Serial.print(".");} else {Serial.println();}
  }
```

```cpp
  #endif
 // MbServer.println("Pepe");
  for(int i=0;i<MbmByteArray[5]+6;i++)
  {
   MbServer.write(MbmByteArray[i]);//
   //MbmClient.write(MbmByteArray[i]);
  }
  MbmCounter = 0;
  MbmByteArray[7] = 0;
  MbmPos = Pos;
  MbmBitCount = Count;
  //flag_connect = 1;
  //MbmClient.flush();
  //client1.flush();
 } else {
  #ifdef DEBUG
   Serial.println("connection with modbus master failed");
   Serial.println(estado);
  #endif
  //flag_connect = 0;
  //MbmClient.flush();
 }
}


//****************** Recieve data for ModBusMaster ***************
void MgsModbus::MbmRun()
{
 //***************** Read from socket ***************
  //Modificado 22/05. Puede deshacerse
  MbServer.begin();
//MbmClient = EthernetClient();
 MbmClient = MbServer.available();
 while (MbmClient.available()) {
  MbmByteArray[MbmCounter] = MbmClient.read();
  if (MbmCounter > 4)  {
   if (MbmCounter == MbmByteArray[5] + 5) { // the full answer is recieved
    MbmClient.stop();
    MbmProcess();
    #ifdef DEBUG
     Serial.println("recieve klaar");
    #endif
   }
  }
  MbmCounter++;
```

```cpp
  }
}

void MgsModbus::MbmProcess()
{
 MbmFC = SetFC(int (MbmByteArray[7]));
 #ifdef DEBUG
  for (int i=0;i<MbmByteArray[5]+6;i++) {
   if(MbmByteArray[i] < 16) {Serial.print("0");}
   Serial.print(MbmByteArray[i],HEX);
   if (i != MbmByteArray[5]+5) {Serial.print(".");
   } else {Serial.println();}
  }
 #endif
 //***************** Read Coils (1) & Read Input discretes (2) *********************
 if(MbmFC == MB_FC_READ_COILS || MbmFC == MB_FC_READ_DISCRETE_INPUT) {
  word Count = MbmByteArray[8] * 8;
  if (MbmBitCount < Count) {
   Count = MbmBitCount;
  }
  for (int i=0;i<Count;i++) {
   if (i + MbmPos < MbDataLen * 16) {
    SetBit(i + MbmPos,bitRead(MbmByteArray[(i/8)+9],i-((i/8)*8)));
   }
  }
 }
 //***************** Read Registers (3) & Read Input registers (4) *****************
 if(MbmFC == MB_FC_READ_REGISTERS || MbmFC == MB_FC_READ_INPUT_REGISTER) {
  word Pos = MbmPos;
  for (int i=0;i<MbmByteArray[8];i=i+2) {
   if (Pos < MbDataLen) {
    MbData[Pos] = (MbmByteArray[i+9] * 0x100) + MbmByteArray[i+1+9];
    Pos++;
   }
  }
 }
 //**************** Write Coil (5) *********************
 if(MbmFC == MB_FC_WRITE_COIL){
 }
 //**************** Write Register (6) ****************
 if(MbmFC == MB_FC_WRITE_REGISTER){
 }
 //**************** Write Multiple Coils (15) ********************
 if(MbmFC == MB_FC_WRITE_MULTIPLE_COILS){
 }
```

```cpp
//****************** Write Multiple Registers (16) ******************
 if(MbmFC == MB_FC_WRITE_MULTIPLE_REGISTERS){
 }
}


//***************** Recieve data for ModBusSlave ***************
void MgsModbus::MbsRun()
{
 //***************** Read from socket ***************
 //Cambiar client por Server
 if (MbServer) Serial.println("OK");
 else
 {
  Serial.println("KO");
  MbServer = EthernetServer(MB_PORT);
 }
 if (flag_connect == 1)
 {
  primer = 0;
  flag_connect = 0;
 }
 MbServer.begin();
 delay(100);
 EthernetClient client = MbServer.available();
 if(client.available())//client.
 {
  delay(10);
  int i = 0;
  //Serial.println("lee1");
  prueba="";
  while(client.available())
  {
   //Serial.println("lee2");
   uint8_t c = client.read();
   char p = c;
   prueba += p;
   MbsByteArray[i] = (uint8_t)c;
   MbData[i] = (uint8_t)c;
   i++;
  }
  Serial.println(prueba);
  MbsFC = SetFC(MbsByteArray[7]);  //Byte 7 of request is FC
 }
 int Start, WordDataLength, ByteDataLength, CoilDataLength, MessageLength;
```

```cpp
//****************** Read Coils (1 & 2) *********************
if(MbsFC == MB_FC_READ_COILS || MbsFC == MB_FC_READ_DISCRETE_INPUT) {
 Start = word(MbsByteArray[8],MbsByteArray[9]);
 CoilDataLength = word(MbsByteArray[10],MbsByteArray[11]);
 ByteDataLength = CoilDataLength / 8;
 if(ByteDataLength * 8 < CoilDataLength) ByteDataLength++;
 CoilDataLength = ByteDataLength * 8;
 MbsByteArray[5] = ByteDataLength + 3; //Number of bytes after this one.
 MbsByteArray[8] = ByteDataLength;    //Number of bytes after this one (or number of
bytes of data).
  for(int i = 0; i < ByteDataLength ; i++)
  {
   MbsByteArray[9 + i] = 0; // To get all remaining not written bits zero
   for(int j = 0; j < 8; j++)
   {
    bitWrite(MbsByteArray[9 + i], j, GetBit(Start + i * 8 + j));
   }
  }
 MessageLength = ByteDataLength + 9;
 client.write(MbsByteArray, MessageLength);
 MbsFC = MB_FC_NONE;
}
//****************** Read Registers (3 & 4) *****************
if(MbsFC == MB_FC_READ_REGISTERS || MbsFC == MB_FC_READ_INPUT_REGISTER) {
 Start = word(MbsByteArray[8],MbsByteArray[9]);
 WordDataLength = word(MbsByteArray[10],MbsByteArray[11]);
 ByteDataLength = WordDataLength * 2;
 MbsByteArray[5] = ByteDataLength + 3; //Number of bytes after this one.
 MbsByteArray[8] = ByteDataLength;    //Number of bytes after this one (or number of
bytes of data).
  for(int i = 0; i < WordDataLength; i++)
  {
   MbsByteArray[ 9 + i * 2] = highByte(MbData[Start + i]);
   MbsByteArray[10 + i * 2] = lowByte(MbData[Start + i]);
  }
 MessageLength = ByteDataLength + 9;
 client.write(MbsByteArray, MessageLength);
 MbsFC = MB_FC_NONE;
}
//****************** Write Coil (5) *********************
if(MbsFC == MB_FC_WRITE_COIL) {
 Start = word(MbsByteArray[8],MbsByteArray[9]);
 if (word(MbsByteArray[10],MbsByteArray[11]) == 0xFF00){SetBit(Start,true);}
 if (word(MbsByteArray[10],MbsByteArray[11]) == 0x0000){SetBit(Start,false);}
 MbsByteArray[5] = 2; //Number of bytes after this one.
```

```cpp
    MessageLength = 8;
    client.write(MbsByteArray, MessageLength);
    MbsFC = MB_FC_NONE;
  }
  //***************** Write Register (6) *****************
  if(MbsFC == MB_FC_WRITE_REGISTER) {
    Start = word(MbsByteArray[8],MbsByteArray[9]);
    MbData[Start] = word(MbsByteArray[10],MbsByteArray[11]);
    MbsByteArray[5] = 6; //Numero de bytes después de este.
    MessageLength = 12;
    client.write(MbsByteArray, MessageLength);
    MbsFC = MB_FC_NONE;
  }
  //***************** Write Multiple Coils (15) *********************
  if(MbsFC == MB_FC_WRITE_MULTIPLE_COILS) {
    Start = word(MbsByteArray[8],MbsByteArray[9]);
    CoilDataLength = word(MbsByteArray[10],MbsByteArray[11]);
    MbsByteArray[5] = 6;
    for(int i = 0; i < CoilDataLength; i++)
    {
      SetBit(Start + i,bitRead(MbsByteArray[13 + (i/8)],i-((i/8)*8)));
    }
    MessageLength = 12;
    client.write(MbsByteArray, MessageLength);
    MbsFC = MB_FC_NONE;
  }
  //***************** Write Multiple Registers (16) *****************
  if(MbsFC == MB_FC_WRITE_MULTIPLE_REGISTERS) {
    Start = word(MbsByteArray[8],MbsByteArray[9]);
    WordDataLength = word(MbsByteArray[10],MbsByteArray[11]);
    ByteDataLength = WordDataLength * 2;
    MbsByteArray[5] = 6;
    for(int i = 0; i < WordDataLength; i++)
    {
      MbData[Start + i] =  word(MbsByteArray[ 13 + i * 2],MbsByteArray[14 + i * 2]);
    }
    MessageLength = 12;
    client.write(MbsByteArray, MessageLength);
    MbsFC = MB_FC_NONE;
  }
  //client.flush();
}


//***************** ?? *****************
```

```cpp
MB_FC MgsModbus::SetFC(int fc)
{
 MB_FC FC;
 FC = MB_FC_NONE;
 if(fc == 1) FC = MB_FC_READ_COILS;
 if(fc == 2) FC = MB_FC_READ_DISCRETE_INPUT;
 if(fc == 3) FC = MB_FC_READ_REGISTERS;
 if(fc == 4) FC = MB_FC_READ_INPUT_REGISTER;
 if(fc == 5) FC = MB_FC_WRITE_COIL;
 if(fc == 6) FC = MB_FC_WRITE_REGISTER;
 if(fc == 15) FC = MB_FC_WRITE_MULTIPLE_COILS;
 if(fc == 16) FC = MB_FC_WRITE_MULTIPLE_REGISTERS;
 return FC;
}


word MgsModbus::GetDataLen()
{
 return MbDataLen;
}


boolean MgsModbus::GetBit(word Number)
{
 int ArrayPos = Number / 16;
 int BitPos = Number - ArrayPos * 16;
 boolean Tmp = bitRead(MbData[ArrayPos],BitPos);
 return Tmp;
}


boolean MgsModbus::SetBit(word Number,boolean Data)
{
 int ArrayPos = Number / 16;
 int BitPos = Number - ArrayPos * 16;
 boolean Overrun = ArrayPos > MbDataLen * 16; // Overrun
 if (!Overrun){
  bitWrite(MbData[ArrayPos],BitPos,Data);
 }
 return Overrun;
}
```

ANEXO C

Firmware GTW INV FV

```
#include "MgsModbus.h"
#include <SPI.h>
#include <RH_RF95.h>
#include "RegModbusSB15.h"
#include <Ethernet.h>
#include <Event.h>
#include <Timer.h>

#define CS_SPI_ETH 10
#define LED_DEBUG 8
#define SD_CS 4
//Para Shield EMGING
#define RFM95_CS 5
#define RFM95_RST 9
#define RFM95_INT 2

// Change to 434.0 or other frequency, must match RX's freq!
#define RF95_FREQ 915.0

// Singleton instance of the radio driver
RH_RF95 rf95(RFM95_CS, RFM95_INT);
uint8_t lora_op; //Flag de comandos por lora recibidos
MgsModbus Mb;
//Lectura lect;
//Operacion oper;
Timer actualizar;
int8_t event;
int acc = 0; // accumulator, seconds counter

// Ethernet settings (depending on MAC and Local network)
byte mac[] = {0x90, 0xA2, 0xDA, 0x0E, 0x94, 0xB5 };
IPAddress ip(169, 254, 100, 2);
uint8_t buf[50];//[RH_RF95_MAX_MESSAGE_LEN];
uint8_t len;
uint8_t retry;
uint8_t tx_lora[10];
uint8_t flag_tx;

void setup()
{
  pinMode(CS_SPI_ETH, OUTPUT);
```

```cpp
pinMode(LED_DEBUG, OUTPUT);
pinMode(RFM95_CS, OUTPUT);
pinMode(RFM95_RST, OUTPUT);
pinMode(SD_CS, OUTPUT);
digitalWrite(RFM95_RST, HIGH);
digitalWrite(LED_DEBUG,HIGH);
digitalWrite(CS_SPI_ETH, HIGH);
digitalWrite(SD_CS, HIGH);   //DESHABILITA EL CS DE LA SD PARA SIEMPRE
len = sizeof(buf);
Serial.begin(115200);
/*****************************************************
 * Inicializa LoRa Shield
 *****************************************************/
 Serial.println("Feather LoRa RX Test!");
// Reset manual
digitalWrite(RFM95_RST, LOW);
delay(100);
digitalWrite(RFM95_RST, HIGH);
delay(100);
retry = 0;
while (!rf95.init())
{
  Serial.println("LoRa radio init failed");
  while (1);
}
Serial.println("LoRa radio init OK!");
// Default despues de inicializar 434.0MHz, Modulacion GFSK_Rb250Fd250, +13dbM
if (!rf95.setFrequency(RF95_FREQ))
{
  Serial.println("setFrequency failed");
  while (1);
}
Serial.print("Set Freq to: ");
Serial.println(RF95_FREQ);

// Caracterisiticas default 434.0MHz, 13dBm, Bw = 125 kHz, Cr = 4/5, Sf = 128chips/symbol, CRC
on

// La potencia de transimision por default es 13dBm, usando PA_BOOST.
// Si usamos RFM95/96/97/98 que usan PA_BOOST pin,
// podemos setear potencia desde 5 a 23 dBm:
rf95.setTxPower(23, false);
//rf95.sleep();
digitalWrite(RFM95_CS, HIGH);
delay(2000);
```

```cpp
/****************************************************
 * Inicializa ethernet y TCP/IP Modbus
 ***************************************************/
digitalWrite(CS_SPI_ETH, LOW);
delay(2000);
Mb.remServIP = IPAddress(169,254,100,1);
Mb.remSlaveIP = ip;
Ethernet.begin(mac, ip);//, gateway, subnet);
while(Ethernet.localIP()!=ip)
{
  Ethernet.begin(mac, ip);
}
Serial.print("IP servidor:");
Serial.println(Mb.remServIP); // Mostrará la dirección IP del equipo
Serial.print("IP actual:");
Serial.println(Ethernet.localIP()); // Mostrará la dirección IP del equipo
delay(5000);
acc=0;
Mb.primer = 1;
while(acc<0)
{
  Mb.Req(MB_FC_READ_REGISTERS,DIR_INI+(2*acc),1,1);//se pueden solicitar varios datos desde
esa direccion en adelante
  delay(100);
  acc+=1;
}
digitalWrite(LED_DEBUG,LOW);
event = actualizar.every(10000, act_datos, NULL);
lora_op = 1; //Cambiar para operar cuando este inserto el codigo de LORA
delay(2000);
}

void loop()
{

  digitalWrite(RFM95_CS, HIGH);
  delay(200);
  digitalWrite(CS_SPI_ETH, LOW);
  delay(200);
  actualizar.update();
  if(lora_op)
  {
    Mb.MbsRun();
    Lectura lect;
    int k;
```

```cpp
  for(k=0;k<10;k++)
  {
   if(k==8)
   {
    lect.data[8]=(256*Mb.MbData[k])+Mb.MbData[k+1];
   }else
   {
    lect.data[k]=Mb.MbData[k];
   }
  }
  tx_lora[0] = (lect.data[8]&0xff);//'A';
  tx_lora[1] = (lect.data[8]>>8);//'B';
  tx_lora[2] = 0x13;//'C';
  tx_lora[3] = 0x10;//'D';
  imprimir(lect);
  digitalWrite(CS_SPI_ETH, HIGH);
  delay(200);
  digitalWrite(RFM95_CS, LOW);
  delay(200);
  LoRaRX();
  LoRaTX();
 }


}
void act_datos()
{
 /*Aca envia los comandos y los coloca en la estructura*/
 int i,k;
 for(i=0;i<1;i++)
 {
  Mb.Req(MB_FC_READ_REGISTERS,DIR_INI+(i*2),1,1);
  delay(200);
 }
 Mb.flag_connect = 1;
 flaga = 1;

}
void imprimir(Lectura lec)
{
 int j;
 Serial.println("Dato:");
 for(j=0;j<12;j++)
 {
  Serial.println(lec.data[j]);
 }
```

```cpp
}
//Rutina a llamar para enviar comandos previamente definidos
void operar()
{
  int i;
  /*for(i=0;i<10;i++)
  {
   Mb.MbData[1]= oper.data_env[i].dato;
   Mb.Req(MB_FC_WRITE_REGISTER, DIR_WRITE+(i*2),1,2);
  }*/


}
void LoRaRX()
{
  if (rf95.recv(buf, &len))
  {
   Mb.flag_connect = 1;
   RH_RF95::printBuffer("Recibido HEX: ", buf, len);
   if (!strcmp("SI", (char*)buf))
   {
    //Serial.println("Prender Led");
    digitalWrite(LED_DEBUG, HIGH);
   }

   if (!strcmp("NO", (char*)buf))
   {
    //Serial.println("Apagar Led");
    digitalWrite(LED_DEBUG, LOW);
   }

  }

}
void LoRaTX()
{
 if(flag_tx == 1)
 {
  delay(50); //Espera que el receptor este disponible
  if (rf95.send((uint8_t *)tx_lora, sizeof(tx_lora))) Serial.println("TXOK");
  else Serial.println("TXNO");
  rf95.waitPacketSent();
  flag_tx = 0;
 }

}
```

```
/*
 * Sube a ammxxx (segun corresponda), el valor de potencia,energia,
corriente y tensión, está siempre en modo RX para la red LoRa y TX para
 * la web
 * Uso TXAMI, para enviar datos de prueba
 * los envio en formato
 * ID:3 bytes
 * Unidad:1
 * Magnitud:1
 * valor:4
 *
 * La magnitud es siempre un valor que indica la potencia, es decir si es
 * 2 es 10^2, si es 3 es 10^3, es decir 1 kW
 *
 *
 * MP 26/07/2019
 */
//========ETH=============================================================
=
#include <stdio.h>
#include <SPI.h>
#include <Ethernet.h>
#define CS_SPI_ETH 10
#define SD_CS 4
//=======================================================================
==

//=========LORA==========================================================
==
//Para shield EMGING
#include "RH_RF95.h"

//Para LoRa GTW
#define RFM95_CS 9
#define RFM95_RST 5
#define RFM95_INT 2

/*
//Para Shield EMGING
#define RFM95_CS 5
#define RFM95_RST 9
#define RFM95_INT 2
*/
#define RF95_FREQ 915.0
RH_RF95 rf95(RFM95_CS, RFM95_INT);

uint8_t buf[29];
uint8_t buf1[29];
/*uint8_t buf2[29];
uint8_t buf3[29];*/
uint8_t len = sizeof(buf);
char estado_rx;
```

```cpp
uint8_t flag_ami=0;
//========================================================================
=

//=======UBIDOTS=========================================================
=

#include "PubSubClient.h"

#define NO 0
#define SI 1
#define LEEBUFFER 0
#define SUBE 1


#define TOKEN "BBFF-zV4XBRofEt4jMGmxFg4kgB0Tfdvijc"


char *DEVICE_LABEL="amixxx";

#define VARIABLE_LABEL_01 "potencia"
#define VARIABLE_LABEL_02 "energia"
#define VARIABLE_LABEL_03 "corriente"
#define VARIABLE_LABEL_04 "tension"


#define MQTT_CLIENT_NAME "B" // MQTT client Name, put a random ASCII


char mqttBroker[] = "industrial.api.ubidots.com";
char payload[40];
char topicPublish[40];
char topicToSubscribe[40];

byte mac[] = { 0xDE, 0xAD, 0xBE, 0xEF, 0xFE, 0xED };
//IPAddress ip(10,12,1,97);
//IPAddress ip(192,168,0,23);
EthernetClient clientUbi;
PubSubClient client(clientUbi);
char str_temp[6];
char buf_est[4];
char estado=LEEBUFFER;
int flag_buffer = 0;
//========================================================================
====


#define LED 8
#define demoraInterna 200

void setup() {

  Serial.begin(19200);
  pinMode(LED,OUTPUT);
  digitalWrite(LED,LOW);

  pinMode(RFM95_RST, OUTPUT);
```

```cpp
  pinMode(CS_SPI_ETH, OUTPUT);
  pinMode(RFM95_CS, OUTPUT);
  pinMode(SD_CS, OUTPUT);
  digitalWrite(SD_CS, HIGH);   //DESHABILITA EL CS DE LA SD PARA SIEMPRE
  apagoETH();
  prendoLORA();
  inicializaLORA();
  apagoLORA();

  prendoETH();
  inicializaETH();
  apagoETH();
 lora();

}

void loop()
{

    switch(estado)
    {
                case LEEBUFFER:
                {
                  //Se fija si el estado del lora es de buffer lleno
                  //lora();
                  if(flag_buffer==1)
                  {
                    //Si es asi, verifica el ID y coloca en buffer
correspondiente
                    //rf95.handleInterrupt();
                      Serial.println("Entro2");
                      int i;

                    /*if(buf[2] == 50)
                      {
                        for(i=0;i<28;i++)
                        {
                          buf2[i]=buf[i];
                          buf_est[1]=1;
                        }
                      }else if (buf[2] ==51)
                      {
                        for(i=0;i<28;i++)
                        {
                          buf3[i]=buf[i];
                          buf_est[2]=1;
                        }
                      }
                      else */if(buf[2] ==49)
                      {
                        for(i=0;i<28;i++)
                        {
                          buf1[i]=buf[i];
                          buf_est[3]=1;
                        }
                      }
                    //Limpia la interrupción y se prepara para subir
```

```cpp
                        rf95.llamar_int();
                        estado = SUBE;
                        flag_buffer=0;
                    }else
                    {
                        //rf95.llamar_int();
                        delay(10);
                        estado = SUBE;
                    }
                }
                break;
                case SUBE:
                {
                            delay(3000);
                            ubidots();
                            lora();
                            client.setServer(mqttBroker, 1883);
                            delay(demoraInterna);
                            estado=LEEBUFFER;
                            Serial.println("estado=LEEBUFFER");

                }
                break;

    }
    if(rf95.act_int()==1)
    {
      Serial.println("Entro");
      flag_buffer = 1;
      rf95.handleInterrupt();
      estado_rx=LoRaRX();
      estado=LEEBUFFER;

    }

}

/*//////////////////////////////////////////////////////////////////////////////
/////////////////////
 * FUNCIONES EXTRAS
 *
 *
//////////////////////////////////////////////////////////////////////////////
/////////////////
 */
void lora(){

    apagoETH();
    Serial.println("ETH OFF");
    delay(demoraInterna);

    prendoLORA();
    Serial.println("LORA ON");
    //delay(demoraInterna);

    //IMPRIME=SI;
    //LoRaTX();
    //LoRaRX();
```

```cpp
    //apagoLORA();
    //Serial.println("LORA OFF");
    //delay(demoraInterna);
    Serial.println("");
}

void ubidots(){

    apagoLORA();
    Serial.println("LORA OFF");

    prendoETH();
    Serial.println("ETH ON");

    if (!client.connected()) {
      reconnect();
      client.subscribe(topicToSubscribe);

    }


//PUBLICACION*********************************************************************
***************

    int i;
    uint8_t entrada[6];
    uint8_t *ptr_entrada;
    uint8_t *ptr_buf;

    //ID
    switch (flag_ami)
    {
     case 0:
        ptr_buf = &buf1[0];
        flag_ami = 0;
     break;
    /* case 1:
        ptr_buf = &buf2[0];
        flag_ami = 2;
     break;
     case 2:
        ptr_buf = &buf3[0];
        flag_ami = 0;
     break;*/

    }

    for(i=0;i<3;i++)
      {
        //DEVICE_LABEL[i+3]=(uint8_t)buf[i+0];
         DEVICE_LABEL[i+3]=*(ptr_buf+i);
        //Serial.print(buf[i+0]);
        Serial.print(*(ptr_buf+i));
      }
    //Serial.println(DEVICE_LABEL);
```

```cpp
//Publica potencia
for(i=0;i<5;i++)
  {
    entrada[i]=(uint8_t)*(ptr_buf+i+5);
    //entrada[i]=(uint8_t)buf[i+5];
  }
 ptr_entrada=&entrada[0];
sprintf(topicPublish, "%s", "");
sprintf(topicPublish,   "%s%s%s%s","/v1.6/devices/",    DEVICE_LABEL,
"/",VARIABLE_LABEL_01);
client.publish(topicPublish, ptr_entrada);

//Publica energia
for(i=0;i<5;i++)
  {
    entrada[i]=(uint8_t)*(ptr_buf+i+11);
    //entrada[i]=(uint8_t)buf[i+11];
  }
 ptr_entrada=&entrada[0];
sprintf(topicPublish, "%s", "");
sprintf(topicPublish,   "%s%s%s%s","/v1.6/devices/",    DEVICE_LABEL,
"/",VARIABLE_LABEL_02);
client.publish(topicPublish, ptr_entrada);

//Publica corriente
for(i=0;i<5;i++)
  {
    entrada[i]=(uint8_t)*(ptr_buf+i+17);
    //entrada[i]=(uint8_t)buf[i+17];
  }
 ptr_entrada=&entrada[0];
sprintf(topicPublish, "%s", "");
sprintf(topicPublish,   "%s%s%s%s","/v1.6/devices/",    DEVICE_LABEL,
"/",VARIABLE_LABEL_03);
client.publish(topicPublish, ptr_entrada);

//Publica tension
for(i=0;i<5;i++)
  {
    entrada[i]=(uint8_t)*(ptr_buf+i+23);
    //entrada[i]=(uint8_t)buf[i+23];
  }
 ptr_entrada=&entrada[0];
sprintf(topicPublish, "%s", "");
sprintf(topicPublish,   "%s%s%s%s","/v1.6/devices/",    DEVICE_LABEL,
"/",VARIABLE_LABEL_04);
client.publish(topicPublish, ptr_entrada);


client.loop();
client.disconnect();
delay(demoraInterna);

apagoETH();
Serial.println("ETH OFF");
```

```cpp
    Serial.println("");

}

char LoRaRX()
{
    if (rf95.recv(buf, &len))
    {
      Serial.println("RX!");
      RH_RF95::printBuffer("Recibido HEX: ", buf, len);
       int i=0;
       /*for(i=0;i<sizeof(buf);i++)
        {
         Serial.print("buf[");
         Serial.print(i);
         Serial.print("]= ");
         Serial.println(buf[i]-48);
        }*/

    Serial.println("SendACK");
    uint8_t data[] = "ACK";
    //rf95.send(data, sizeof(data));
    //rf95.waitPacketSent(50);

    delay(demoraInterna);
    return SI;
    }
    else
    {
     delay(demoraInterna);
     return NO;
    }




}
void LoRaTX()
{
    Serial.println("LoRa TX!");
    uint8_t data[] = "CLK";
    rf95.send(data, sizeof(data));
    rf95.waitPacketSent(100);


}


void reconnect() {

  // Loop until we're reconnected
 while (!client.connected())
  {
    Serial.println("Attempting MQTT connection...");
```

```cpp
      // Attempt to connect
    if (client.connect(MQTT_CLIENT_NAME, TOKEN,"")) {
      Serial.println("connected");
    } else {
      Serial.print("failed, rc=");
      Serial.print(client.state());
      Serial.println(" try again in 2 seconds");
      // Wait 2 seconds before retrying
      delay(2000);
    }
  }
}

void inicializaETH ()
{

  while (Ethernet.begin(mac) == 0)
  {
    Serial.println("Failed to configure Ethernet using DHCP");
    Serial.println(" try again in 1 seconds");
    delay(1000);

  }


  Serial.println(Ethernet.localIP());

  // give the Ethernet shield ten second to initialize:
  delay(1000);
  Serial.println("connected");
  client.setServer(mqttBroker, 1883);
  client.setCallback(callback);

  sprintf(topicToSubscribe, "%s", ""); // Cleans the content of the char
  sprintf(topicToSubscribe, "%s%s%s/lv", "/v1.6/devices/", DEVICE_LABEL,
"/pulsador");
  Serial.println("subscribing to:");
  Serial.println(topicToSubscribe);
  client.subscribe(topicToSubscribe);

}

void inicializaLORA()
{

  Serial.println("Feather LoRa RX Test!");
  // Reset manual
  digitalWrite(RFM95_RST, LOW);
  delay(100);
  digitalWrite(RFM95_RST, HIGH);
  delay(100);

  if (!rf95.init())
  {
    Serial.println("LoRa radio init failed");
  }
  else{
```

```cpp
  Serial.println("LoRa radio init OK!");
   }

  if (!rf95.setFrequency(RF95_FREQ))
  {
    Serial.println("setFrequency failed");
    //while (1);
  }
  Serial.print("Set Freq to: ");
  Serial.println(RF95_FREQ);

  // Caracterisiticas default 434.0MHz, 13dBm, Bw = 125 kHz, Cr = 4/5, Sf
= 128chips/symbol, CRC on

  // La potencia de transimision por default es 13dBm, usando PA_BOOST.
  // Si usamos RFM95/96/97/98 que usan PA_BOOST pin,
  // podemos setear potencia desde 5 a 23 dBm:
  rf95.setTxPower(23, false);
  rf95.setModeRx();
  digitalWrite(RFM95_CS, HIGH);
  delay(2000);

}

void prendoETH(){
  delay(demoraInterna);
  digitalWrite(CS_SPI_ETH, LOW);
  delay(demoraInterna);
}

void apagoETH(){
  delay(demoraInterna);
  digitalWrite(CS_SPI_ETH, HIGH);
  delay(demoraInterna);
}

void prendoLORA(){
  delay(demoraInterna);
  digitalWrite(RFM95_CS, LOW);
  delay(demoraInterna);
}

void apagoLORA(){
  delay(demoraInterna);
  digitalWrite(RFM95_CS, HIGH);
  delay(demoraInterna);
}


void callback(char* topic, byte* payload, unsigned int length)
{
  char PAYLOAD[5] = "     ";

  Serial.print("Mensaje Recibido: [");
  Serial.print(topic);
  Serial.print("] ");
  for (int i = 0; i < length; i++) {
```

```cpp
      PAYLOAD[i] = (char)payload[i];
    }
  Serial.println(PAYLOAD);

    if (payload[0] == '1'){
     digitalWrite(LED, HIGH);
     Serial.println("HIGH");
    }
    if (payload[0] == '0'){
      digitalWrite(LED, LOW);
      Serial.println("LOW");
    }

}
```

CAPITULO 09: BIBLIOGRAFIA

[1] Guía AEA 92559, Asociación Electrotécnica Argentina, Edición 2017.

[2] Ersan Kabalci, Yasin KabalciSmart Grids and Their Communication Systems. (2018)

[3] NIST 2 The Smart Grid Interoperability Panel—Cyber Security Working Group, Guidelines for smart grid cyber security, NISTIR 7628, 1–597 (2010)

[4] Yonghua Song, Jin Lin, Ming Tang, Shufeng Dong, An Internet of Energy Things Based on Wireless LPWAN, ELSEVIER Engineering 3 (2017) 460–466.

[5] Guía AEA 92559, Asociación Electrotécnica Argentina, Edición 2017.

[6] Van Der Welle, A., Haffner, R., Koutstaal, P., Van den oosterkamp, P., van Hussen, K., Lenstra, J.: The role of DSOs in a smart grids environment (2014).

[7] IEEE 2030.5 IEEE Standard for Smart Energy Profile Application Protocol (2018).

[8] IEC 61968 Application integration at electric utilities – System interfaces for distribution Management (2012).

[9] IoT for Smart Grids Design Challenges and Paradigms, Kostas Siozios, Dimitrios Anagnostos, Dimitrios Soudris, Elias Kosmatopoulos, Springer (2019).

[10] https://lora-alliance.org/about-lorawan

[11]http://www.emging.com.ar/2019/02/11/shield-emging-lora-915mhz-v1-1-rfm95w-descripcion/

[12] https://learn.adafruit.com/adafruit-feather-m0-radio-with-lora-radio-module?view=all

[13] Rafael Real-Calvo, Antonio Moreno-Munoz, Victor Pallares-Lopez, Miguel J. Gonzalez-Redondo, Isabel M. Moreno-Garcia, Emilio J. Palacios-Garcia, (2017),

 [14] Wixted AJ, Kinnaird P, Larijani H, Tait A, Ahmadinia A, Strachan N. Evaluation of LoRa and LoRaWAN for wireless sensor networks. In: Proceedings of the 2016 IEEE SENSORS; 2016 Oct 30–Nov 3; Orlando, FL, USA. Piscataway: The Institute of Electrical and Electronics Engineers, Inc.; 2016, 40-47.

[15] S. Sofana Reka, Tomislav Dragicevic, Future effectual role of energy delivery: A comprehensive review of Internet of Things and smart grid, Renewable and Sustainable Energy Reviews Volume 91, August 2018, 90-108

[16] NB-IoT vs LoRa™ Technology Which could take gold? White Paper LoRa Alliance.

[17] Yonghua Songa, Jin Lina, Ming Tangb, Shufeng Dongb, An Internet of Energy Things Based on Wireless LPWAN (2017)

[18] Vangelista L, Zanella A, Zorzi M. Long-range IoT technologies: The dawn of LoRaTM. In: Atanasovski V, Leon-Garcia A, editors Future access enablers for ubiquitous and intelligent infrastructures. Cham: Springer International Publishing AG; 2015. p. 51–8.

[19] Sistema Electrónico Inteligente para el Control de la Interconexión entre Equipamiento de Generación Distribuida y la Red Eléctrica. Revista Iberoamericana de Automática e Informática industrial 14 (2017) 56–69.

[20] https://aws.amazon.com/es/

Printed by Books on Demand GmbH, Norderstedt / Germany